[英] 马克·利（MARK LEIGH）著
罗丽 译

北京联合出版公司
Beijing United Publishing Co.,Ltd.

图书在版编目(CIP)数据

如何成为一只狗 / (英) 马克・利著 ; 罗丽译. --
北京 : 北京联合出版公司, 2017.4
ISBN 978-7-5596-0083-7

Ⅰ. ①如… Ⅱ. ①马… ②罗… Ⅲ. ①犬—驯养
Ⅳ. ①S829.2

中国版本图书馆CIP数据核字(2017)第072221号

First published in Great Britain in 2015 by
Michael O'Mara Books Limited
9 Lion Yard
Tremadoc Road
London SW4 7NQ

如何成为一只狗

作　　者：(英)马克・利（Mark Leigh）著
译　　者：罗　丽
出版统筹：精典博维
选题策划：曹伟涛
责任编辑：管　文
装帧设计：博雅工坊・肖杰

北京联合出版公司出版
（北京市西城区德外大街83号楼9层 100088）
北京雁林吉兆印刷有限公司印刷・新华书店经销
字数150千字　710毫米×1000毫米　1/32　5印张
2017年4月第1版　2017年4月第1次印刷
ISBN 978-7-5596-0083-7
定价：35.80元

引言

我是一只狗。我们都知道，我们得在地板上的碗里吃东西而且在大街上解小便，这样的事有损狗格，我们需要克服它。一旦你面对这些生活的现实，那么，最重要的不是去学习如何与人类共存，而是如何确保成为傲视群雄的大哥大或大姐大。群雄是指和你一起生活的家庭。而这也正是本书的用武之地。

本书不仅仅是一本从头到尾全面阐述如何成为人类最好朋友的生活指南，它还就如何忍受人类并巧妙地操控他们完全按你的想法去做，给出了合理的建议。秘诀是什么？它所需要的是顽强的决心、犬类的狡猾和极老套的罪恶手段的组合，尽可能多地使用你的卖萌战术，把人类完全降伏于你的股掌之中（当然，如果你有手掌的话）。

这些宝贵的见解，来自我自己的丰富经验，以及我很多的四条腿的好朋友的咨询意见。你可以在贯穿全书的一系列“狗狗语录”中阅读他们的见解和言论。

如果你对这种蜕变缺乏信心，从一只听从主人使唤的宠物狗蜕变成一只令人惊叹的犬中豪杰，那么我只问你一个问题：如果你在外面，看见两个动物，一个拉了大便，然后另一个带走了便，你认为是谁说了算？

麦克斯威尔 · 伍弗英顿
萨里，英国

年龄：狗与人类

到这本书出版的时候，我会是七岁半，相当于人类年龄的四十五岁。这意味着，我相当于人类的马修·麦康纳、马特·达蒙和杰拉德·巴特勒。哈罗——女士们！

现在，在这一点上，你可能会说，“等等，7½ × 7 = 52½。那位麦克斯威尔·伍弗英顿总是谎报年龄！”但是我并没有。

你认为将你的犬龄乘以七便转换成人类年龄的想法是错误的。没有万能的公式……这一切都取决于你的品种、体重和寿命。例如，和我年龄一样大的腊肠犬对应的人类年龄约为四十二岁，而爱尔兰猎狼犬是六十四岁。很遗憾，大丹犬：如果你与我同龄，那么你的人类年龄，嗯……我只能说，你最好把你的后事安排妥当。

狗狗语录

米莉：我只有两岁，但由于我的品种，每个人都说我老。这不公平。

大哥大 / 大姐大

在你的家庭中，只有一个占统治地位的男性或女性的空间——那个人应该是你。

一旦你在人类家庭中建立了良好的人际关系，那么这就是向你的主人展示谁是家中老大的至关重要的原因。我这样说并不意味着，每次当他们给你下一个命令或者尝试带走你最喜欢的咀嚼玩具的时候，你便愤怒地咆哮或者咬他们的手指。这并不一定能让他们明白谁是老大。事实上，这很可能告诉他们谁将被带到动物收容所。

请记住，统治并不一定意味着侵略。维护你作为大男人或大小姐地位的其中一个最佳途径就是，确保走一条属于自己的路。

试试这个简单的测试，看看你是否真的是只顶级狗。

你是家里的大哥大或者大姐大吗?

你服从了多少命令？

A. 大部分

B. 一半

C. 没……

在你的家庭里，你把主要人物称作什么？

A. 男主人或女主人

B. 主人

C. 那个笨蛋

你每天晚上睡在哪里？

A. 在地上

B. 在我的主人的床上

C. 在我的主人的被窝里

你想散步的时候，你怎么向你的主人发出信号？

A. 当他允许我去散步的时候，我不去

B. 一边转着圈跑，一边叫

C. 我只是给他们“那种”眼神

你什么时候被带出去散步？

A. 当我的主人决定该散步的时候

B. 一天两次

C. 当我盯着我的皮带并开始吠叫三十秒之后

乘车旅行时你坐在哪里？

A. 在狗狗看守人身后的汽车行李箱里

B. 在后座，系着安全带

C. 小轿车？太好了，把我装进去！

当你的主人问道“谁是好小子”的时候，你是怎么回应的？

A. “我是！我是！我是！”

B. “是我。我是好小子！”

C. “你在问我吗？你是在问我吗？”

当你的主人要出去的时候，你有什么反应？

A. 我躺在前门边上哀号

B．我睡觉或者耍我的玩具。我会时不时地看看窗外

C．他们已经出去了吗？我没有注意到

评分结果

大部分选 A。

你更像一只猫而不是狗。长大一些（人类的比喻和讽刺，如果你刚刚被阉割）！

大部分选 B。

此刻还不是大男人状态，你需要采取一种乖戾的态度，偷盘子里的食物并展示对“去拿”这一概念的矛盾情绪，这些会帮助你成长为这个角色。

大部分选 C。

有了自信和自大的结合，当你在家庭中施展权威时，你绝对有最佳表现。

狗狗语录

宙斯：当然，我是大哥大。它看上去像什么？

肛门腺

坦率地说（当讨论我们的肛门的时候，很难不说实话），肛门腺如芒刺在背。为了让它们听起来不那么令人不快，你的主人可能将其称为“臭腺”，但无论你怎样美化它们，它们都是一回事：位于肛门两侧的两个配对的小囊，排出含有信息素的液体，这种液体是我们用来标记领地的。

通常，在我们排便的时候，肛门腺会自动清空，我们也不需要理会它们。然而，有时候，比如我们的便便水分过多，没有足够的压力，它们就不会被排走。这种情况发生的时候，你会知道的，因为有刺激和不适的感觉。你的主人会知道这种情况，因为他会看到，你已经停止摇你的尾巴，并在地板上拖动你的臀部，还想咬伤或乱抓它——或是因为你的臀部会发出一种真正刺鼻恶心的腥臭。

无论什么信号（但愿摊上这事的每只狗都不是因为最后一个原因而被发现），我们生活的这一面肯定需要人类帮助。别担心，排囊是一个很简单的过程。

如果你很幸运，你的主人会带你去看兽医。如果你没那么幸运，你的主人会自己尝试这个过程。虽然这会有助于你，而重要的是要记住，把润滑过的戴了手套的手指插入肛门并在周围捅一捅它，最好还是留给参加过兽医学院培训的人去做，这一点非常重要。这项任务并不是一来就想“我来试试”的人所能完成的。

投球棒

你会通过两件事情认识这些设备。首先是外观：颜色鲜艳的塑胶件，带着一个长柄，底端有一个瓢；其次是它们的效果：让你跑得比你想的更远，以捡回一个网球。

女性主人喜欢它们，是因为这东西可以帮她们把球扔得足够远，好让她们的狗狗去追；男性主人喜欢它们，其实是因为里面另有隐情，因为他们会说，“像扔个姑娘。”

请参见章节“抛接游戏”。

头巾和方巾

像衣领、服装和外套一样，这些配件都是讨厌的人类矫情的又一例证，他们为了把他们的个性投射到我们身上而把我们打扮起来。在这种情形下，他们希望我们看起来像斑点狗詹姆斯·迪恩或者比格犬马龙·白兰度——没长毛的人类的文化符号。如果你属于叛逆类型，那么这种样子适合你。如果你属于旅行者类型，或者你的主人是开着房车周游全国的人（必须说，这并不是当下特别普遍的交通方式），那么，你也许可以逃脱这种样子。对其他的狗狗而言，重要的是做你自己，并尽可能地逃避这种时髦模式。它只会让你看起来像有块餐巾塞进了衣领。与其说是坏蛋团伙成员不如说是吃货。

狗狗语录

伍迪：俗话说“没有爪子的叛逆者”，当你第二次听到它的时候，就不觉得可笑了……

吠叫

由于吠叫是我们与人类沟通的主要方式，因此，主人能够知道狗语的精妙之处，这一点很重要。他们不仅要正确理解吠叫与狂吠或者哀号与号叫的区别，也应当注意到音调与节奏的变化。要认真处理如此错综复杂的东西，这对于人类是一个很高的要求，但是，持续关注我们是如何吠叫的，这是他们最快捷的学习方式，而这也是让他们明白我们想做什么（或是不想做什么）的最佳途径。

狗语的破译可能很复杂，而且有很多东西要记住，所以我写下这篇物种之间的沟通手册。

认识你们的吠叫与狂吠的区别：我的狗语手册

声音	你也许用得上的时候	在人类语言里的意思
持续不停的中等音高的吠叫，两次吠叫的间隔时间长	当你被独自留下了很长一段时间	嘿，有人吗？我已经咀嚼了我的玩具，舔了些我的零碎东西，并且探索了厨房。在接下来的四个小时里，我该做些什么呢？
汪——汪——汪的叫声之后是很长一声持续的号叫	当你被独自留下来，而且你已经确信你已被完全遗忘	喂……喂……还记得我吗？
一两声尖叫或者中等音高的吠叫	当你很高兴地见到另一只狗或者你的主人	你在做什么呢？
反复快速地吠叫；低音	当另一个人或者狗侵犯了你的领地	走开！
单一的、突然而短促的较低音高的吠叫	当你被什么东西打扰了，比如从深睡中惊醒或者被粗鲁地拍打	他妈的什么东西！？
低声咆哮	当某种东西将你打翻在地或者打扰到你，而且，如果它继续下去，你准备反戈一击	别推我，小子！
忽高忽低的咆哮声	你受到惊吓，但还没完全下定决心是否该跑开还是打一架	你心存侥幸吗？是吗，笨蛋？
一连串尖叫	当什么东西真的惊吓到你	我走！
轻声哀鸣	我真的被吓惨了	该死的吸尘器！

续表

以中音结结巴巴地吠叫	你想玩耍	我们来玩玩吧!
吠叫声不断升高	你正玩得高兴	太好玩了!
叹息	当你决定平静一会儿	我从抓取棍子里得到了各种满足!
激动地喘气或者号叫着打哈欠	当你喜欢的事情将要发生（比如将要去散步或者吃东西。不太可能是该洗澡了）	让我们去做这件事吧!
唠唠叨叨，最后升高音调	当你想要或者需要什么	我们要去做什么吗?
在两三秒的突然爆发声中，断断续续地哀鸣	当你想被放出去（或是进来）	快点！打开这该死的门!

洗澡时间

就像吃饭时间是狗狗一天中的最好时光，洗澡时间则是最糟糕的时刻。虽然我们是一个有亲水倾向的物种，但是我们不喜欢水，因为它会被装在一个有光泽的白瓷或搪瓷容器里，这个容器太光滑了，我们根本爬不出来。

值得庆幸的是，除非你正频频参加狗狗选秀赛，否则洗澡时间其实并不多。它通常是被以下三种情况之一触发的：

· 你浑身是泥。

· 你在狐狸的大便或是某种正在分解的东西里打过滚。

· 你开始闻起来像只潮湿的狗……当你完全干燥的时候。

平均而言，你大概每隔四到六周洗一次澡。这听上去也许不是很多，但那就是说，一年里有八到十三次你会下地狱。

五种迹象表明，洗澡时间已经迫在眉睫

1. 当你散完步进屋的那一瞬间，你的主人会用一条旧毛巾把你包起来。

2. 他会换上旧衣服，而你很清楚，他不会去打理花园或者开始装修工作。

3. 你会被引诱到楼上。

4. 你正躺在你的床上，你的床正在被如此缓慢而不可避免地拖向洗手间的门。

5. 你会听到有人宣告：“洗澡时间！”

洗澡时间的五个阶段

洗澡时间对我们大家各有不同，但它通常是由多个独特的阶段组成的情感过山车。

第一个阶段：拒绝

“洗澡？没门！”你的第一反应是拒绝相信洗澡时间即将来临。这是一个正常的防御机制，用来防御这个冰冷的事实（和冰冷的水）。

第二个阶段：愤怒

随着在水中下沉，你的情绪变成愤怒。这种愤怒通常是冲着你的主人来的，但有时也会针对导致洗澡的罪魁祸首，比如拥有那块让你满身泥泞的土地的农民或者你不由自主地去磨蹭的腐烂的鸽子。你会想到诸如此类的，“那个该死的狐狸！如果它不在我们这条街上排便，我就不会是这个乱七八糟的样子。我希望它最终被搭在某个贵妇人的肩上。”

第三阶段：谈判

你竭尽全力去寻找出路。“狗的上帝啊，我保证我永远不会扯我的皮带或吃我的大便，只要你让我离开这个澡堂子。”

第四阶段：沮丧

在这个阶段，你会变得很悲伤，因为被抹上洗发水已经是确定无疑的事情。你可能会很安静，也很沉默，在被冲洗之前沉默地打发着时间。

第五阶段：接受

“会好起来的。既然我不能反抗它，那么还是接受它吧。”在这个最后阶段，你安详自若地拥抱这场在所难免的浸泡。另外，你会期待洗澡之后得到一顿美餐。

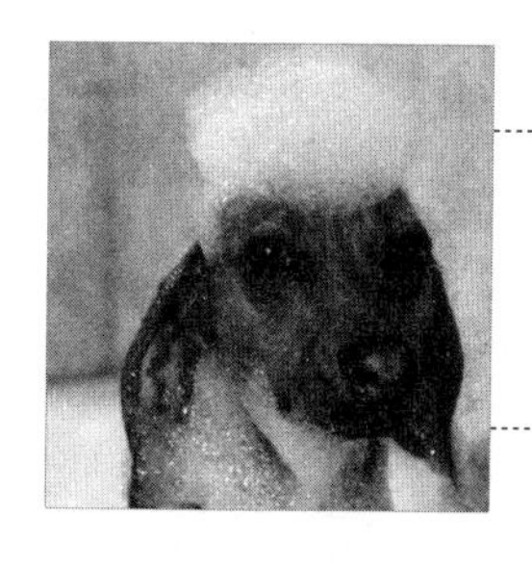

狗狗语录

萨莎：洗澡时间，你在得到清洁的同时失去了尊严。

请参见章节“甩干”。

床

我们很幸运，因为跟人类相比，我们打瞌睡的地方更加灵活。你会发现，当谈到睡觉，他们必须依赖于特定房间里的一种专门家具，而且他们会计较他们称之为床垫、帷幔、枕头、毯子和床单等等愚蠢的东西。

与之形成鲜明对比，我们选择作为一张床的东西是符合这三项标准的任何表面：

A. 它是柔软的。

B. 它是干净的。

C. 它是你的主人想坐下来的地方。

乞讨

乞讨跟追赶猫咪或者舔舔我们的生殖器一样，应该是自然而然的事情。要记住乞讨的关键一点是，它绝对没有耻辱。乞讨并不会让你变成一条坏狗或是自卑的狗，它会让你成为一只往往会得到他或她想要的东西的狗。

寻求庇护所的冲动被编入我们的DNA，所以乞求进入主人漂亮温馨的卧室，甚至是进入他们漂亮温暖的被窝，这对我们来说是完

全自然的。

同样，乞讨是获得食物的最好办法。通过这个办法，你们会出现在等待被收走的裂开的垃圾袋中间，并把里面的食物放进你的碗里。既然你更有可能去乞讨食物而不是庇护所，那么下面这部分将集中于前者。

要乞讨的好东西

- 食物
- 准许进入卧室
- 饶恕

要乞讨的坏东西

- 被阉割
- 伊丽莎白圈
- 到外面去受冻
- 服从训练课程
- 洗澡时间

成功乞讨食物的十大规则

规则一：时机就是一切

试着安排好你的睡眠模式，让你在中午和下午两点之间以及下午六点和八点之间醒来，这是因为当你从一个长时间的深度睡眠中醒来，悠闲地走进厨房，结果只看到一只鸡的遗体已被毫不客气地甩进垃圾桶，或者散发着肉香的盘盘碗碗消失在洗碗机里，没有什么比这更加令人沮丧的了。

规则二：采用困兽心态

带着一种“最坏的打算”的心态接近每次进餐的饭桌。这种态度意味着你能够应付受到攻击（即被叱喝）以及大失所望（即没有得到那根香肠）之类的意外状况。

规则三：你不必为了卖萌而装成小狗

记得人类有句俗话说，眼睛是饱腹之门。如果你是狗世界里的达伦·布朗，你做得到。然而，对于大多数的狗狗来说，我们不能靠眼神来迷住我们的主人，而是不得不尽可能装出一副凄惨可怜的样子来达到目的。

规则四：从你的哀鸣中了解你的抱怨

哀鸣只会让人类无法忍受。他们发现这种高音很烦人并想阻止这种声音，就会试图把你扔出房间，而不是扔食物给你。但另一方面，哀鸣表明你陷入某种痛苦之中，虽然饥饿的痛苦与受伤不太一样，但他们会更加积极地对这个声音做出回应。

规则五：任意使用所有技巧

可以把你的爪子搁在主人的膝盖上，也可以站立起来，以便能够审视桌面或者发出一声听上去像“香肠”的诡异吠叫。别担心“出卖”或者彻底失去尊严。记住，乞讨食物的时候，可以想尽一切办法。

规则六：灵活应对

如果你在一个主人身上的努力宣告失败，没能确保得到这份残羹剩饭，那就尝试把你的游戏计划实施在家里所有其他成员身上。你可能见过人类“拿下一屋子的人”，在此，你必须“拿下一桌子的人”。

规则七：利用客人

如果餐桌上坐着你以前从没见过的人，选择他们作为你的首要目标。极有可能他们会把你的可怜样看作并不讨厌的可爱样，他们会忘了餐时礼节，在你的主人有机会干涉之前把食物递给你。说到干涉，我的意思是叱喝并把你关到房间外面去。

规则八：不要说“不”

当然，每次乞讨的时候都被人叱喝并不令人愉快，但每次遇到这种情况，你就想想还有更糟糕的事——被称作“坏狗”或者错失了那根烤排骨。这是显而易见的事。

规则九：如果它还没有失效……

你自己的乞讨方式可能包括，把你的下巴搁在主人的腿上或者用你的牙齿叼起你的碗。如果你已经想方设法，突然发现一种成熟的乞讨技巧并且知道它的工作原理，那么就坚持使用这种行之有效的方法。你也许按捺不住想去尝试并改进或者巩固这种方法以争取更多的食物，但你最好不要去冒这个险。

规则十：固执己见

对不起，这是个双关语。乞讨往往是一场消耗战。你的主人开始用餐的时候，往往带着从他们的盘子里分出几口给你的态度来对待你。此时获胜的唯一方法是下定同样的决心，你的肚子里如果没有一些“真材实料”，你是不会离开房间的。坚忍和毅力往往会赢得这一天。

五秒钟法则

如果食物掉在地上，并且在五秒钟内没有人取回它，你完全可以吃了它。说实话，这个法则有可能不会被你的主人认可。然而，你确实不用浪费你的意志力去等这五秒钟。

狗狗语录

莉莉：我并没有花多少时间就发现，不存在什么看似“过于乏味”的东西。

罗密欧：做一点点练习，你就能像我这样保持几个小时。

小鸟

狗狗的上帝在发明小鸟的时候似乎在戏弄我们。一方面，小鸟是我们完美的捕食对象：它们小巧玲珑，发出有趣的叫声来吸引我们，并且它们在地上雀跃使它们行动缓慢；另一方面，一旦你追逐它们，它们就会跳进空中，不会下来了。

那么我们干吗要去追它们呢？问得好，正如追赶一根棍子，我们在乎的是追赶的刺激而不是追赶的结果。只要你意识到你已经有更多的机会去抓住一只松鼠，你就不会感到失望。

关于小鸟必须知道的三件事

1. 它们会飞。
2. 你不会。
3. 猫头鹰不是一只带翅膀的猫。

咬

人类有句俗话，“永远不要咬那只给你食物的手。”

忽视这个建议的后果通常是被主人怒骂或者被揍一顿。更糟的是，你的主人需要医疗看护。“更糟的是”意思是说，其后果可能是他给你供餐的能力被暂时打了折扣。

膀胱

不是说你的。我在这里谈论的是人类的膀胱，他们最重要的内脏器官。你会在他们的胃的末端找到它，知道它的部位对狗狗来说是很重要的。

人类的膀胱执行两个功能。第一个和你一样：存储尿液。第二个功能更为重要：它作为你的主人的闹钟。

把你的爪子压在它上面，或者放上你的整个体重，会把他们从沉睡中唤醒，这样他们就会打开后门，然后喂你。

埋骨头

你上次埋骨头是在什么时候？你上次看见别的狗狗埋骨头是在什么时候？（你在动画片“猫和老鼠”里看到的那些不算）

这两个问题答案可能是“我不记得”或者“从来没有”。我们被如此地驯化，以至于我们大多数甚至不再打洞，更别提埋骨头了。

数千年前，我们常常埋骨头是为了把它藏起来防备野人；现在我们过着衣食无忧的生活，我们没那个必要了。当主人把骨头给我们的时候，我们可以在屋子里乱扔，不用考虑它们的安全问题，因为它们通常都沾满口水，没人会捡起来带走。

如果说，如果你确实有一种要埋骨头的原始冲动，你需要两件东西：

A. 一根骨头。

B. 你能挖一个洞的某个地方。

成功埋下骨头的五大步骤

第一步：找到一个合适的位置。

第二步：用你的前爪和鼻子刨开几英寸厚的地表土并把它推到一边。

第三步：把骨头放进洞里。

第四步：用你的前爪和鼻子刨回地表土并将它拍下去。

第五步：记住你埋下骨头的这个地方。

注意：第五步没有成功完成的话，将会导致相当严重的挫败感。

埋下骨头的好地方

- 前花园
- 后花园
- 呃，差不多吧

埋下骨头的不好的地方

- 他们正在挖掘恐龙或一些铁器时代堡垒的任何地方
- 带有骷髅头标志和文字“雷区”的任何地方
- 在切尔西花展的任何地方
- 陆军射击场
- 公墓

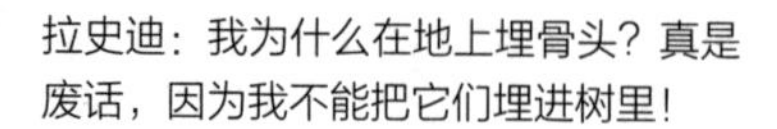

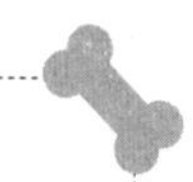

狗狗语录

拉史迪：我为什么在地上埋骨头？真是废话，因为我不能把它们埋进树里！

短靴

没有什么比在公开场合穿着五颜六色的防水短靴更能说明你是一只养尊处优的宠物狗或者被骄纵溺爱的笨蛋狗。尽管你提出最响亮的抗议，没有人会相信你穿着它们是为了保护爪子免遭伤害。你会得到来自人类和其他狗一样的反应：更少的同情和更多的嘲笑。

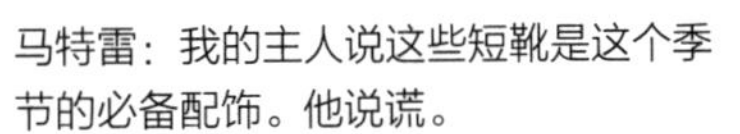

狗狗语录

马特雷：我的主人说这些短靴是这个季节的必备配饰。他说谎。

碰撞

这是一种经过实践检验的肢体语言，目的是引起你主人的注意。

这很容易。要让他们注意到你，你所要做的就是轻推他们的胳膊。这个方法效果良好，如果他们正想看报纸或杂志——特别是正拿着一杯热气腾腾的咖啡或茶的时候。

对接嗅探

如果你主人的脸百分之七十都是鼻子，他会得到所谓的“鸟嘴”“皮诺曹”或“热拉尔·德帕迪约”之类的称呼。当狗的脸百分之七十都是鼻子的时候，我们看起来很正常。大自然是不是很神奇！多亏我们的大鼻子和我们的二百二十多亿个感觉细胞，我们的嗅觉比人类灵敏十多万倍。它的优点是，我们可以闻到约三个街道远的香肠味儿。缺点是，我们得不到那些香肠和发出十多万倍以上恶臭的任何东西。

正是这种伟大的嗅觉，给我们提供了我们所需的其他狗的所有信息，我们收集上述信息的过程就是对接嗅探。不要担心别人（别人，我的意思是你的主人）对对接嗅探有什么看法，这是完全正常的行为——而不是狗的某种越轨行为。用人类术语来说，它等同于查出另一只狗的个人脸书资料。

其他狗的肛门腺发出的气味告诉我们它的性别、饮食、环境和气质，但事实是，我们实际上没有把鼻子戳进他们的屁股里。事实上，我们灵敏的嗅觉意味着，我们只需吸几口从正对面的公园或者下面道路飘来的空气，就能收集到所有这些信息。

这就是对警犬来讲“屁股很简单”的原因。正因如此，你可以通过突然舔舐或亲吻你的主人的后面来让他发火。

狗肥胖症

不幸的是，人类肥胖症的后果之一是狗肥胖症。我们的主人太胖了，懒得带我们去散步。

好吧……还有另外一个原因，为什么狗越来越胖——我们喜欢加餐。我们可能刚吃过，但只要人们把食物摆在桌子上，我们又想吃。

不要对此感到内疚。这是日复一日吃着同一种乏味的干粮的自然反应。

你可能成为一只肥胖狗的十大信号

1. 当人类拍着你，评论你说“皮糙肉厚”的时候。

2. 你只感觉关上灯交配很舒服。

3. 只有一个“X”大小的项圈不再感觉舒服了。

4. 当兽医把你放在秤上，你在收腹。

5. 你看见一只松鼠骑在猫背上，只有几英尺远……而你对此却无能为力。

6. 你有时被误认为是圣伯纳德狗。

7. 人们问你，你的犬宝宝什么时候出生……而你却已被绝育。

8. 你看见自己在自认为不可能的部位增加重量。胖尾巴？谁有那种东西？

9. 你只能仰面躺着穿上外套。

10. 你去海滩上散步，路人试图把你打湿并把你拖向大海。

狗狗语录

公主：这就是我嗓音低沉的原因。

小汽车

关于小汽车，狗只需要了解一件事：四条腿好，四个轮子不好。

不管你听到什么，坐在机动交通工具里旅行并不好玩。人们对于狗与主人们驾车旅行怀有一种浪漫观念——乡村道路的诱惑，把你的头探出窗外的机会，吹过你皮毛的清风和永无止境的、各种各样的、令人兴奋的气味，而神秘的目的地在前方等待着……

正如你可能已经知道的，现实情况却有所不同。尽管有各种保护措施，但是你仍然会被扔来扔去，被左拉右拽，在毫无防备的情况下被撞来撞去，而且你有极大的可能会生病。到时候，你不仅会不舒服，你还要忍受汽车里生病的气味。虽然汽车可以把你带到一个真正神奇的目的地，但现实的旅途通常会令人失望。

乘车旅行的真相

你觉得你会去哪里	你最终总是会去哪里
公园	兽医
乡村	兽医
森林	兽医
海滩	兽医
犬展	兽医
兽医	犬舍

乘坐一辆车：该做什么和不该做什么

· 不要挨着你主人的后脑勺突然放声大叫。这种惊动可能会导致你的主人出车祸，虽然暂时性的无车状态对你有利，但是撞车事故将不可避免地（完全不公平地）被归咎于你。

·一定要不断地呜咽。你一被放在车上，就要尽快开始做这件事，并且逐渐提升音高、音色和音量，直到你所展示的悲痛程度导致旅程过早地结束。

·把你的头伸出打开的车窗的时候，一定要流口水。风会抓住口水，把它吹到后面汽车的挡风玻璃上。你会发现这很有趣，虽然后面的驾驶员不会有同感。

·别把开放的天窗看作是一种挑战。你喜欢它，是因为它飘来的凉爽空气，而不是看作逃生的机会，虽然逃生过程会惊心动魄，但很可能会造成伤害。

·一定要让你的主人帮你照一张照片，你的爪子要搁在方向盘上。人类对此乐此不疲，特别是当他们把照片发布在脸谱网上，附上标题“轮到他开车了”或暗指他们的汽车是路虎揽胜的时候。让他们找点乐子，然后收获他们的好心情。

狗狗语录

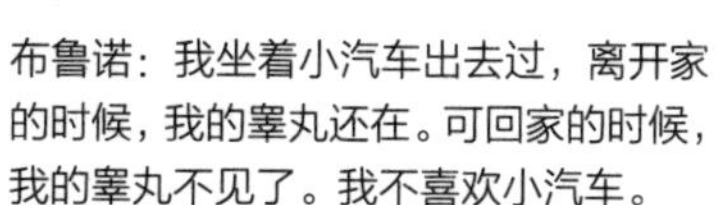

布鲁诺：我坐着小汽车出去过，离开家的时候，我的睾丸还在。可回家的时候，我的睾丸不见了。我不喜欢小汽车。

斯皮克：看上去我是不是很享受？哦，是吗？

猫

正如孙子所说，“要知道你的敌人，你必须成为你的敌人。”他并不是说你一定要在装满砂石的箱子里摸爬滚打，残酷地玩弄受伤的鸟或者吃鱼头。我敢肯定，他的意思是，作为狗，我们需要对猫有所了解，这样我们才不会对它们的所作所为感到惊讶。然而，由于狗的生活很忙（当我们没睡觉的时候），我列出了以下有关猫的事实，以节省你的时间并省去你亲力亲为的尴尬。

猫科动物的事实：每只狗需要了解的关于猫的十件事

· 不管你是多么自信，即使你号称瞪眼哥或瞪眼王，也不要卷入一场猫与狗的瞪眼比赛。永远只有一个胜利者。

· 比起植物，猫更加痛恨的东西只有一种，就是狗。

· 不管你能玩什么花样，即使你用两条腿直立行走或是用你的鼻子在餐盘上保持平衡，一只猫将永远，永远，永远是更可爱的赢家。

· 无论怎样难以置信，猫睡觉的时间甚至比我们更长。

· 被猫咬伤不会把你变成一只猫（但它可能伤害你）。

· 猫是诡异的，它们不可思议并且“超凡脱俗”。是不是因为它们与女巫和万圣节有关？

· 当一只猫弓起背部，那是它受到威胁并即将发起攻击的信号，并不是公开邀请你从它的下方钻过去。

· 猫总是在寻找东西磨尖它们的爪子。这些东西可以包括树干、家具、猫抓板，或者是你。警惕！

· 它们可以挤进各种地方，而你只能梦想一下，所以不要试图模仿它们。

· 它们可以逍遥法外。例如，一只猫跳上桌子去吃剩下的鸡肉晚餐，那是“可爱”。如果你去尝试它，那就是“脏”。

如果你听到你的主人说，“天上正在下着猫和狗”(其实是下着倾盆大雨)，不要过分兴奋或焦虑。他在撒谎。

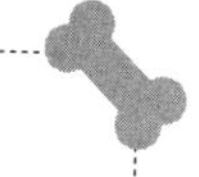

狗狗语录

莱克西：你看见它在做什么吗？你只是站在那里照张相吗？

西萨·米兰

如果你看到你的主人正拿着一本这个人写的书或者 DVD 光盘，你一定会害怕，十分害怕。

他被称为犬语者，但大多数人都知道，他是犬吼者。他的训练方法曾被认为是有争议的，它所谓的理由是，我们应该被像狗一样对待，而且我们的主人应该像个领导者，而不是玩伴。那有什么好玩的？

他称之为统治地位理论。我们称之为错得离谱。

如果我们想被频繁地放回我们的住所，想被大声呵斥，并提出要了解种种规则、规矩和限制，那我们就不是狗，而是小孩子。

追逐

追逐东西不仅仅是本能，也是乐趣，而且做起来特别容易！

如何追逐某种东西

1. 真正快速地跟在某种东西后面跑。
2. 这就对了。

另外就是，完全没有压力。你甚至不必追上你正在追逐的东西，令人激动的是追逐本身。

适合去追逐的东西

- 球
- 树枝
- 猫
- 比你小的狗
- 小鸟
- 松鼠
- 人

不适合去追逐的东西

- 任何静物
- 比你大的狗
- 小汽车（它们不是金属狗）
- 你的尾巴（你会头痛）

咀嚼

咀嚼非食用物体是我们绝对无法控制的一种本能。

除了小狗，他们咀嚼东西是为了缓解出牙的痛苦，我们其他狗进行咀嚼是因为我们焦虑、寂寞、无聊或只是想受到关注——不管是什么原因，我们对放进嘴巴里的东西一概不加以区分。当冲动来临的时候，凡是触手可及的东西，我们就咀嚼，无论是什么。就这么简单。

$$GL=\frac{D\times N^2}{ch}$$

哈，你还没有真正相信，是吗？

当然，我们要决定什么该咀嚼，什么不该咀嚼！我的意思是，这是乐趣的一半，不是吗？

这种决定基于这个历史悠久的公式，其中 GL 是满足度，D 是咀嚼的持续时间，N^2 是顽皮劲儿，ch 是窒息的危险。

我对可咀嚼东西的指导意见

遥控器

优点：令人满足的嘎吱声；你知道你会从劣质电视的过度曝光中解脱出来，直到它被换成一只新的。

缺点：你可能会误吞它的一些零部件。小型塑料按钮是相对无害的，而碱性电池却不是这样。

文件

优点：令人愉快的撕裂声，同时看见你的唾液使油墨浸润开来；你有机会撕碎一些真正重要而且不可替代的文件，像手写的藏宝图或者突破性科学配方。

缺点：纸太容易咀嚼了，任何满足感实在是结束得太快。

钱包

优点：化纤和皮革的气味；咀嚼信用卡的令人满足的嘎吱声；纸币的味道。有什么理由不喜欢呢？

缺点：你会听到吼叫“坏狗”的可能性很高，而且这种吼声比你以前曾经听到过的任何吼声都大。

手机

优点：没有一只真的……除非你喜欢玻璃的味道。

缺点：玻璃的味道。

图书

优点：旧书有一种不错的霉味，当你撕开封面，并开始咀嚼里面的时候。

缺点：可能被书页划伤。

软垫

优点：我们不能吃巧克力，但它等同于家具。一旦你啃穿坚硬的外部，你就会大喜过望——柔软的填充物。

缺点：金玉其外，败絮其中。

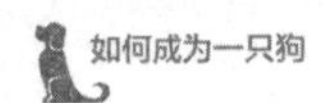

狗狗语录

阿奇：我到这儿的时候就像这个样子了……

请参见“鞋”。

圣诞节

这是一个节日假期，似乎每年都发生在一年中最冷的时候。当你发现一棵奇怪的室内树木，以及更多的人在你的家里，同时主人的压力水平在危险地升高时，你就会意识到它。

在此期间，你会注意到，你的主人起床较晚，并且花更多时间在沙发上小睡，电视节目会比平时声音更大、亮度更高，散步时间也可能不同于平常（或更糟的是，在刚得到通知后就取消）。

你是知道的，狗喜欢有条不紊的生活，所以在这个假期，这些日常生活的改变可能会令人不安。然而，除了这一点，有四个字可以让圣诞节值得期待：自助餐台。

为了享受（或至少是容忍）每年的这个时候，也最好坚持一些久经考验的节日规则。

犬科动物的圣诞节：十大戒律

1．你的领地将被大量很少见过的人入侵。你的主人会叫他们客人。对你来说，他们是入侵者，便会相应地对待他们。

2．出现在客厅里的树是一种奇怪的人类仪式的一部分。用撒尿来反对它会被视为亵渎。

3．会有一根细线从树上连接到墙壁。不要去咀嚼它，否则你会后悔的。

4．不管你怎么想，如果你吃下很多圣诞装饰品，你也拉不出黄金饰品大便。

5．树下会有许多颜色鲜艳的包装盒。其中之一可能是给你的。你看不懂这不是你的错，所以把它们全部撕开，直到你找到它。

6．一天晚上，一个长着白胡子、穿着红色西装的胖男人会出现在你的家里。他可能是你的主人，而不是一个窃贼。别害怕。哦，是的，别咬他。

7. 同一个晚上，一个肉馅饼和一杯牛奶通常会被留在休息室。如果这是唾手可得的，那就别客气，先到先得。

8. 在耶稣诞生场景里的木雕人物是完美的咀嚼玩具（注意，婴儿耶稣是很小的。如果你吞下了它，基督复临可能是相当痛苦的）。

9. 你的主人会觉得有必要将假驯鹿的鹿角安到你头上。在他们试着安上鹿角并拍照的前一秒钟摇掉这些鹿角。

10. 大型晚宴上会有过多的宾客和更多过剩的食物。像从来没有乞讨过一样乞讨。

狗狗语录

克罗斯比：哦，哦？我不想这样。

睡前转圈

对我们的主人来讲，这可能是一种极好的消遣，但事实是，我们身不由己。多年以前，我们生活在野外，在躺下之前，为了压平野草并吓唬藏在那里的害虫，我们会先转几圈。今天，即使我们睡在

温暖的地毯上，在毛绒内衬的狗毯上或是主人特大号的床上，我们还是要出于本能地例行公事。

由于在视频网站上的视频里我们被无数次展示，人类发现这个很滑稽。

只是幽他们一默。

项圈

似乎项圈的选择范围跟狗的品种一样广泛。你们大多数会有颜色各异和花样繁多的皮革或织物项圈。从斑点和条纹到自由女神印花和种种老套图案，以及爪印或骨头，有一些项圈看起来不是所有品种的狗狗都可以拉断。

上一季项圈的花样

灭蚤项圈

它们可能是小巧谨慎的，但比起瘙痒，灭蚤项圈更能说明你已被削弱的社会地位，就像一个人穿着一件仿冒球衣。

有穗的或有镶嵌的皮革项圈

它这种大男子气概的样子，往往能更有效地吸引年轻犬的眼球。

用人类的话来说，老年犬戴着这种类型的项圈看上去不那么像“摩托车帮”，而更像SM爱好者。

豹纹项圈

用人造毛皮做项圈，是一种对时尚的不恭。

水晶钻石

只有满足了这些条件之一才能被戴上：

A．你的主人可以把你夹在一只胳膊下带走，之后他也不需要脊椎按摩师的服务。

B．你平时的交通方式是一只手袋。

C．你是一只猫。

海盗

有骷髅头旗图案的项圈，只有在你的主人有一条木质假腿或者一只名叫波莉的鹦鹉的条件下才是被允许的。

个性化招牌

以钻石和镀铬字母来凸显你的名字的皮革项圈（各种色调）。能够戴这种项圈的标准是，你的名字是否适当短（通常少于八个字母）。问问自己，我的名字在服装配饰上拼写出来好看吗？如果你的名字叫杀手或兰博之类，那么答案可能是否定的。

领结特色的项圈

真的？真的吗？

在任何时候都要避免的专用项圈

冲击项圈

别去理会这种命令，这种类型的项圈会产生震动，或者如果你真的不走运，它会提供一种轻微震动。主人将其称之为“意志训练”。你会说：“疼死我了！”

窒息链圈

“窒息”这个词真是恰如其分——对于这些项圈确实如此，当你拉扯你的皮带的时候，它们会被收紧。他们想要训练你响应命令，但他们所做的一切让你愤愤不平。如果你不幸拥有一条窒息链圈，一定要让你的主人感到内疚，并为每一次你差点被勒死（假装的）的事件深感不安。你要痛苦地嗷嗷叫，做出一种挣扎的呜呜声并装死。你的主人很快就会意识到他做出了错误的选择。

安全带

从技术上讲不属于项圈，虽然它们具有相同的功能。如果你倾向于喜欢拉扯，你可能最终会被戴上一个。它们避免你在你的脖子上施加压力，但这样会让你像导盲犬的粉丝。不太好看。

狗狗语录

蜜糖馅饼：我不只是一个大男子主义者。我还是一个坏男孩……

电脑

电脑是你的敌人。它是以终结者/全球数字防御网统治一切的方式出现。然而，我说的是这一事实，这些设备在家里跟我们争宠，远远超过其他人甚至是其他宠物。

你如何识别计算机？好的，它看起来像一个小电视，它是这样一种奇妙的东西，你的主人每天都要花上数小时坐在它面前，对着狗狗搞笑视频笑个没完——狗狗在蹦床上弹跳，狗狗被网球打翻在地，狗狗试图带着长树枝穿越狭窄的空隙，或者狗狗说话声听起来像“你好”。

他们花在看这些狗狗视频上的每分每秒，其实都可以用来与真实版的狗狗玩耍。

我的朋友，这就是人类所谓的讽刺。

狗狗切忌使用电脑的五大原因

1. 比起作为一种控制图形用户界面的设备，鼠标作为一种咀嚼玩具更具吸引力。

2. 旧习难改：我们会试图在屏幕上撒尿，而不是点击“收藏此页”来标记每个网站。

3. “蹲下”“坐下”和“停下”这些命令还算合情合理，但这个 Ctrl–Alt–Delete（电脑命令）呢？

4. 一个沾满口水的键盘是很难使用的。

5. 爪子腕骨综合征。

狗狗语录

巴斯特：当我发现我不能把脑袋伸进 Windows 8.1（译者注：视窗，此处是指电脑操作系统）的时候，我真的特别郁闷。

服装

你可能会认为被项圈牵着鼻子走，以及被人呼来喝去糟透了，但是，当主人们决定用可笑的服装把我们装扮起来，然后在社交媒体上分享这些图片的时候，他们完全把羞辱发挥到一个全新的水平。

也许他们觉得看见我们穿着这些愚蠢的衣服很可笑，令人愉快甚至很诱人（我们都希望不是后者）。很难知道确切原因，但事实是，你的一生中，至少会有一次这种降低人格的经历，通常是在圣诞节或万圣节。比被迫穿着这些全套装备甚至更加屈辱的事实是，你的主人都会不约而同地弄错尺寸，服装将会太小了。这不仅会限制你的运动，而且，远比你可能遭受的任何羞辱更糟的是，你会看起来很臃肿。

为了有备无患，我准备了这张清单，列出了在你能够把这些服装甩下来或者用自己的扭动方式解脱出来之前，你可能要忍受的种种奇装异服的类型。

驯鹿的鹿角

不是严格意义上的服装，它更多是一个扣在你头上的配件，让这看起来像弗兰肯斯坦医生正忙于给你和鲁道夫看病。

复活节兔子耳朵

如上所述，但它更加令人不安。这种装备可以让你看起来像在某个狗版的花花公子俱乐部里。

圣诞老人服装

有时你可能会翩然下车，然后一顶圣诞老人的帽子被猛地扣在你头上，你可以用轻快的晃动甩下它。然而，在大多数情况下，你得被迫接受全套圣诞老人服装，这可能会包括一顶兜帽。然后，你的主人会试图迫使你在圣诞树前拍照。请表现出对吃掉礼物的兴趣，这很快就会让他们感到扫兴。

圣诞小精灵

非常有失身份。绿毡也太像二十世纪八十年代了。

超人

他是一只鸟？还是一架飞机？不，他是穿着一件廉价而讨厌的有火灾隐患的腈纶斗篷的你。这种服装的好处是，你无需超能力就能脱下它。反复地刨抓它的绳串以确保它缠住你的脖子，这样一来，它被撤除的速度将比你说一声“氪石”的速度更快。

脱衣舞男

正如无法让这个词听上去不那么令人厌恶一样，这种服装本身具有完全相同的效果。准备戴上领结并在两条前腿上穿上白色小衬衣袖口。整个脱衣舞男的想法特别古怪——狗还有什么能脱的吗？难道你的主人不知道你已是赤身裸体？

虎 / 豹 / 狮子 / 斑马等

在公共场合穿着连体衣已经够尴尬了。穿着动物印花连体衣更是雪上加霜，让你看起来像是住在丛林里或是非洲大草原上。而且不管如何努力，戴着假冒的尼龙鬃毛的哈巴狗，将永远无法成为令人信服的百兽之王的样子。

拉斯塔法里狗

穿上这个，你不仅会看上去很可笑，而且也会完整套用一次老套的精神运动。看上去像鲍勃 · 马利和梅的好处只有一个：很容易抖掉拉斯塔法里帽和畏惧心理，并用它来装大便。

玛丽莲 · 梦露

身着轻薄的白色礼服，戴着假人类乳房的狗？我希望你在快速拨号盘上记有防止虐待动物协会的电话。

热狗

腊肠犬有很大的体形问题，因此主人要把假小圆面包附加到狗狗的身体两侧，并把假调料放在他们的背上。这不是屈辱，这是一种仇恨之罪。

在身体前面挂下来的服装，让你看起来像站在两条腿上

这对于较小的狗来说越来越受欢迎，穿着这些服饰，你被迫将你的前爪插进“腿”里，而两只假臂从侧面突出来，你看起来就像长着一个狗脑袋的小矮人。无论你的主人要你像埃尔维斯、尤达、海盗、迈克尔·杰克逊或是德古拉伯爵，这些套装实际上给人的印象是你已经吃掉了原本的主题人物，并把他们的尸体挂在你的脖子上。

狗狗语录

亨利：现在就杀了我吧。

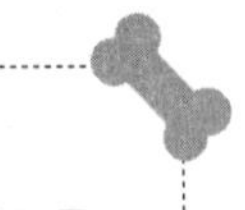

狗狗语录

雷贝尔：我的服装毛病太多，我只是不知道从哪里下手。

请参见“时尚”。

闻嗅裆部

亚特兰蒂斯存在吗？谁是开膛手杰克？关于百慕大三角区的真相是什么？这显然是一些有史以来最伟大的人类之谜，但更神秘的是我们为什么要嗅探人类裆部的背后真相。

数百年来，人类一直在思索这个谜团，他们相信我们这样做是一种问候和（或）是一种收集信息的方式。

真的吗？世界上有其他成百上千种东西可以去闻，你真的认为我们愿意选择人体腹股沟，而不是那些更有吸引力的东西，比如腐烂的食物或其他狗的尿液吗？

不，你应该闻一下人类裤裆的原因是……这使他们感到极为难堪。

闻嗅裆部的时机

当人类有同伴的时候，特别是如果他们正在约会，跟他们的老板或是宗教领袖在一起。你的目标应该是造成极大的尴尬，以至于那个同伴会不由自主地产生如下想法：

1. “嗯。它不仅仅是人类最好的朋友。我必须打电话给英国皇家防止虐待动物协会。”

2. “我不知道他是不是在内裤里装有非法物质。”

3. “我敢打赌，他几天没有冲洗那里了。”

4. “我知道他说过他爱他的狗，果真如此！”

秘密谈话解码

有时你的主人会用代码说话，他们错误地以为，我们不知道他们在谈论什么并且还需要犬类的恩尼格码密码机来破译那些代码。他们真是大错特错……

主人使用的代码	他们的真实意思
W.A.L.K	出去走走
W.A.L.K.I.E.S	散步
D.I.N.N.E.R.T.I.M.E	吃饭时间
P.A.R.K	公园
V.E.T	兽医

吃饭时间

比起散步、去拿东西和追逐，吃饭时间绝对是狗狗一天中的重头戏。

事实上，只有一件事比吃饭时间更好，那就是两次吃饭时间——当主人再次喂你而没有意识到。

它不会发生在你的身体时钟（你的胃）知道吃饭时间之前很久，可能就在前后两分钟之内。对狗来说，这类似于原子钟的准确性。

大多数狗都有自己的碗，但是，如果你与一只或多只狗分享你的家，你的主人可能会尝试训练你和其他狗分别在被叫到的时候使用你的碗。我有一件事要对这些人说：祝你好运。

注意：有些主人会把早餐和晚餐时间统称为“吃饭时间”。

狗狗语录

班迪特：我饿了。我需要表现得更明显一点吗？

狗狗相机

应该会使动物界领袖乔治·奥威尔中风的阴险设备，这些微型相机，有时带有麦克风，都被你的主人有意识地放在房子周围，以便于他们监视你——他们主要是误以为（或者说希望），他们某一天查看监控的时候，会看见你身穿衣服，在两条腿上蹦蹦跳跳。

狗狗相机通常位于高高在上的架子或是壁炉上，镜头指向沙发、我们的篮子或是最喜欢的椅子。因此，对付它们的最好办法，不是逃避，而是利用它们，确保相机闪光的时候你正好在胡闹。

当你知道你在被拍照时，如何让你的主人担心

1. 屏住呼吸，看起来像你已经死了。

2. 抬起你的腿，看起来像你在嘘嘘。

3. 背对相机并干呕。重复这样做。

4. 假装你刚才排了便，沿着地毯从左到右拖着屁股猛冲，然后当你跑出相机的取景范围，迅速回撤。重复三或四次。

5. 号叫，不要像野生的狼，而要像一只痛苦的、受伤的狗，他真的很讨厌并憎恶他的主人抛弃他。

狗狗语录

白雪公主：当你的主人外出的时候，你要做的就是，远离相机取景范围，以保持你的神秘。

狗狗心理学家

你可能听到你的主人在谈论带你去看狗狗“shrink”（译者注：多义词，本意为“缩小”，俚语中为“精神病学家”）。别担心，你不会是去某个地方，进去时候是德国牧羊犬，出来的时候变成迷你贵宾犬。

他们谈论的是狗狗心理学家。这个人的工作是操控你的主人掏出一大笔钱，中为了识别出任何所谓的行为问题的原因。将会发生的一切就是，他们会观察你玩耍和互动，并确定你在地毯上排便的原因是因为你妈妈在你小的时候没有舔够你。

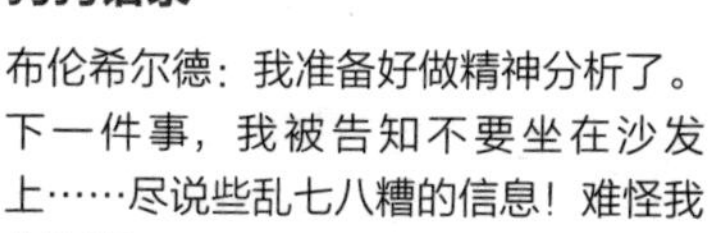

狗狗语录

布伦希尔德：我准备好做精神分析了。下一件事，我被告知不要坐在沙发上……尽说些乱七八糟的信息！难怪我有问题。

狗狗秀

你的主人可能会认为你是最漂亮的杂种狗或者最潇洒的猎犬，并且会不厌其烦地把这个荣誉授予你，但老实说，这不算什么。

想要凭着任何杰出的成就而被认可，你需要被众人评判——这意味着进入狗狗秀。不过，要小心，你不只是需要光鲜的外套，你更需要厚实的皮肤。就像人类的选美比赛，你可能被某些真正的泼妇所包围。

赢得狗狗秀的动机不是为了取悦你的主人（事实上，当你失败的时候，你从他们的反应中获得很大的满足感——毕竟，幸灾乐祸的不只是德国牧羊犬、腊肠犬、罗特威尔犬、威玛猎犬和杜宾犬），成功的诱因不是光亮的奖杯和奖牌，最重要的是，有机会藐视着你的竞争对手，脸上的表情在说，“势不可当！”

基本上有两种类型的狗狗秀：专业秀和业余秀。

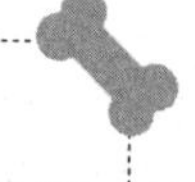

狗狗语录

奥斯卡：成功者永不放弃，放弃者永不成功。我喜欢吃大便。

专业狗狗秀的三个标志

1. 评委们看起来都像被困在花呢工厂爆炸中。

2. 如果你表现得像一只狗（即吠叫，摇着尾巴或微笑），你不会赢。

3. 在狗狗秀的整个过程中，你的主人会像微型狮子狗一样容易激动，而且像狗一样厉声嘶叫。

业余狗狗秀的三个标志

1. 包括“最萌小狗眼”和“最滑稽的尾巴”的清单。

2. 如果你在走秀的时候排便，人们会哄笑，而不是倒吸一口气。

3. 没有睾丸不会被视为一种缺陷。

狗狗秀的十大成功秘诀

1. 别看着法官的裤裆想，“我不知道我是否应该闻闻那里，只是让他们难堪。”直视他们的眼睛。

2. 高高地昂起你的头，假装你已经赢了。也许这听起来很老套（甚至是疯狂），但是一遍又一遍地告诉自己，“我就是赢家！我就是就是赢家！”

3. 你要感到安慰，因为你的主人会比你更紧张（尤其是他担心你趁人不备突然去舔你的蛋蛋的时候）。

4. 在走秀之前，确保你已经排好大小便。你会真心感谢我的建议。

5. 始终保持良好的姿势。肩膀、下巴与地面平行，背打直——但最重要的是，用那种时髦的姿态走！

6. 前一天要睡眠充足。这意味着十八个小时，而不是通常的十二到十四个小时。

7. 不要因为你觉得匈牙利维兹拉犬看起来过于自信或博美犬看起来太可爱而低估自己。挑剔自己很容易（莎尔·佩斯，你知道我在说什么）。

8. 坚持做护理。如果你的状态很好，你会更自信。

9. 确保你已经准备好进入比赛状态（换句话说，你不在打瞌睡或追逐东西）。说到狗狗秀，没有所谓的迟到之类的事情。

10. 在任何时候都要拿出你最好的表现。如果一个评委或另一只狗惹恼你（正视它，因为这是狗狗秀，它有可能发生），把你的脸转开。你赢了之后，会有足够的时间来咬他们。

狗狗语录

舒琪：好吧，它可能不是克鲁夫茨狗展，但赢得茱莉亚·罗伯茨山寨明星比赛，对我来说已经心满意足了。

狗哨

人类认为他们是如此聪明，发明了一种训练装置，发出超声波范围内的声音，只有我们能听到它。如果你还没有经历过，算你走运。这种声音可能是你听到过的最烦人的噪音。

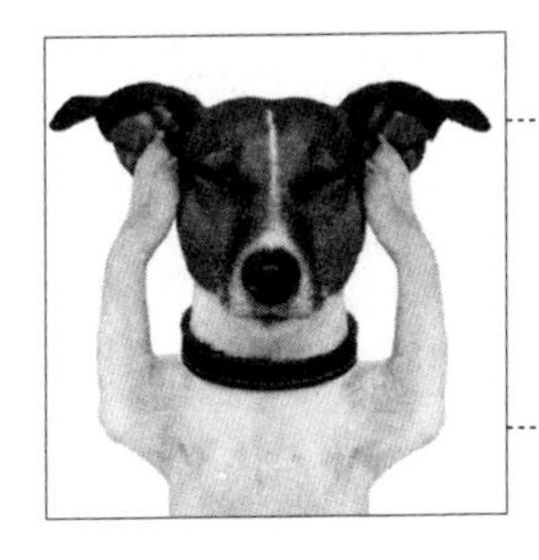

狗狗语录

奥斯卡：啦啦啦，我没在听！

瑜伽

麻布购物袋，名叫约卡斯塔或阿尔忒弥斯的小孩，还有从没听说过的奶酪……看看，我不是在做推广或是抱有偏见，但如果你观察到在你生活的地方有这些东西，很有可能你的主人就是会给你报名参加狗瑜伽课的那种人。

它发源于美国，这是有该死的健康意识的主人们在他们的宠物身上花更多时间的一种途径。但我们狗狗只是想去散步，不想被清规戒律所束缚。尽管你可能已经听说，狗瑜伽不会帮助你放松。

被举到种种不自然的姿势或被置于某些奇怪的站姿，只会让你感到非常害羞而且精疲力尽。至于你的主人的说法是，它会培育“你的狗类的精神健康”，嗯，这只是屁话！

主人带他们的狗去做狗瑜伽只有一个理由，那就是告诉其他人，他们带他们的狗狗去做狗瑜伽。

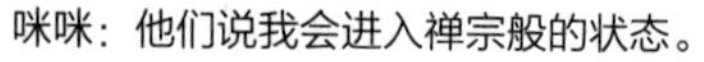

狗狗语录

咪咪：他们说我会进入禅宗般的状态。其实，我尿在垫子上了。

口水

口水，或者说在狗界知名的“液体黄金”，是具有多种用途的物质。当然，酶和化学物质好处多多，有助于分解我们的食物，帮助消化，中和酸，有助于口感检测，以及为我们的牙齿增加保护层，毁灭细菌并协助任何伤口的愈合等等，但口水的主要功能是标记你的财产，以防止你的主人移动或者乱动它们。

甩干

洗澡唯一的好处（相信我，只有一个好处）就是事后甩干自己的机会。甩干自己，我的意思是，把水甩得满浴室都是，并用同样的方式对待你的主人。

如何把自己甩干

看，你是经过数百万年进化的狗。不要欺骗我说你不知道该怎么办。

摇摆，当然，并不局限于洗澡时间。它可以被用在你被打湿的任何灾难性的时刻，无论是在雨中或是在河流、大海或者湖泊中跳跃。在这些情况下，你可以把它变成一次趣味游戏，你的得分基于你把谁溅湿，每次溅水都要努力打破个人纪录。

被溅得满身是水的人	得分
你的主人	5
陌生人	10*
一对夫妇	15*
正在野餐的家庭	20*
身披婚纱的新娘	30*
正在日光浴的任何人	40*

* 表示如果他们真的朝你的主人大喊大叫，加五分。

请参见“洗澡时间”和“游泳”

吃大便

关于这个习惯，你只需要知道一件事……只是因为我们会这么做，并不意味着我们应该这么做。

伊丽莎白一世时代的项圈

这个名字听起来很优雅，几乎是庄严而高贵，但不管人类如何美化它，这种塑料设备，连接到你的正常的衣领上，还是被狗界公认为耻辱之锥。

优点：它会阻止你被划伤，或者舔伤口，或者感染。

缺点：你看起来像一只白痴狗。

总结：当你舔舐自己生殖器的权利被剥夺的时候，你会惊奇地发现你有很多空闲时间。

戴着耻辱之锥时，如何保持任何自尊的假象

我真的很抱歉，但是戴着实际上是上翘的塑料灯罩，实在是没有办法维持尊严。当然，你可能会想，你能说服其他的狗，说它是一种收集声波的特殊装置，以便你可以从更远处听到声音，或者可以说，它是在房间之间携带玩具和零食的一种简便方式，甚至可以说，你正等着它被塞满一大堆美食……但事情是，没有人会相信你。永远！

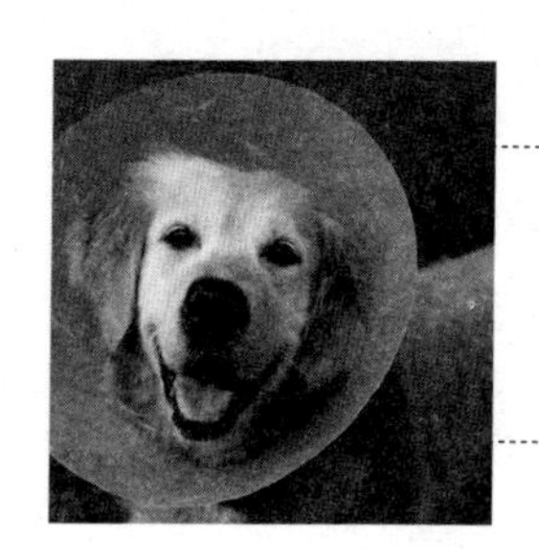

狗狗语录

卡洛斯：的确，当别人戴着它的时候很可笑。

锻炼

谈到锻炼，多少算是“足够”取决于你的年龄、品种和健康。一只十一个月大的杰克·罗素犬将比十岁的拉布拉多犬需要更多的锻炼，而任何年龄的巴吉度猎犬却满足于大部分时间都懒洋洋地待在家里。

大多数的运动都是采用被皮带拉着在当地周边散步的形式，或者，如果你运气好，被允许取下皮带在公园、田野、树林里或沿着海滩玩耍。但是，如果你运气不好，你的主人会让你卷入他或她自己的运动里去，比如慢跑、滑旱冰或骑自行车。出人意料的是，这偶尔也是一种乐趣——如果只是想吓吓他们，你可以突然横穿他们所经过的道路，不用事先打招呼。

但你并不是一定要做剧烈运动才能保持身体健康。其实，你进行的每次日常运动所燃烧的卡路里也是惊人的。

认识你们的吠叫与狂吠的区别：我的狗语手册

日常任务	燃烧的卡路里
追自己的尾巴	16
追一只鸟或松鼠	20
门铃响的时候，在门厅里跑来跑去	22
在某种不应该打滚的东西里面打滚	9

续表

当你的主人抓到你在某种不应该打滚的东西里面打滚时，你跑开	15
在你的主人前面蹿出前门	6
从洗涤篮里偷出袜子并藏在屋子里	8
跟着你的主人在屋子里瞎转	21
跳上沙发	8
从沙发上跳下来	5
讨厌地在报纸或杂志上用爪子抓，当你的主人想看的时候	4
咀嚼鞋子	10
藏鞋子	14
叼着脏物溜走	6
抓开一个黑色垃圾袋并扫荡里面的东西	4
在你的主人吃饭时，舔你的生殖器	3
疯狂地想从浴室里逃跑	19
逃离洗尘器	11
脱毛	1

狗狗语录

奥斯丁：我在做常规练习。今天我向右翻滚，明天我向左翻滚。

狗狗语录

彼得：有燃烧的感觉吗？我不觉得。

请参见“狗肥胖症”。

时尚
（或者这件外套让我看上去很胖吗？）

为什么我们需要外套，这是一个有争议的问题。首先，我们有皮毛，相当防水，感谢它给我们保暖。其次，雨水和寒冷往往会阻止我们的主人带我们出门。

但是，如果你发现自己被迫钻进外套里去，需要记住的重要的一点是，其原因不是因为你的主人想保护你，而是让你成为他们的时尚配饰。

我对挑选狗外套的指导意见

格子花呢

只有当你是这些品种之一的时候可穿：苏格兰野狗、小䴉犬、小凯恩犬、苏格兰小猎犬或喜乐蒂牧羊犬。

迷彩服

只有三个理由证明你可以穿着迷彩服：①你是一个军事吉祥物；②你是一个炸弹嗅探犬；③你的主人有点古怪。

羊毛连衫裤

从技术上讲不是外套，这些温暖的羊毛连衫裤护住躯干和前爪，并延伸到你的尾巴上。罗威纳犬、杜宾犬和魏玛伦娜猎犬要避开这种外套，因为你会看起来不那么像狗，而更像一个U型潜艇指挥官。

带竖条纹的外套

哈巴狗、波美拉尼亚犬、吉娃娃犬、西施犬、北京犬、穿这种类型的外套，会立刻看起来更高。

黑色PVC

很多车主认为这是风格的缩影，这些往往看起来不太像一种时尚宣言（至少是一种好的），而更像你跟垃圾袋纠缠在一起。要你穿这些可憎的东西，还是跑开为妙。

类似于燕尾服的外套

这些外套以白色“衬衫”和领结为特征，被卖给精神空虚的主人作为狗狗在特殊场合穿着的外套。当你意识到你极有可能会被邀请参加某个大使官邸派对，或是一个盛大的政治募捐活动的时候，这听起来相当吸引人。

皮革

为什么主人们真的认为，把这种源于《黑客帝国》的服饰作为一种额外装扮来打扮自己的狗狗是可以接受的？沿着道路快速步行很可能导致一种尴尬的感觉，而不是权力的感觉。

探险家型

如果贝尔·格里尔斯或其他野外生存专家们是狗狗的话，他们会穿上一件这种外套。它们有羊毛衬里，完全防水，几乎能完全遮挡潮湿、寒冷和风霜，通常它们有都像“风暴卫士”“珠穆朗玛峰”或者包含有“终极”的某种名字。虽然它们确实能为在偏远暴露的恶劣地区所进行的长途跋涉提供保护，但是你会看起来像某种狗狗量油计，穿着这种外套而被绑在特斯科购物超市外面。

狗狗语录

幸运儿：当你看着我的主人给我穿的什么，你就能领会我名字里的讽刺了。

抛接游戏

当你还是一只新生的小狗，这似乎是整个世界上最好的游戏。这很容易理解，你可以燃烧掉多余的能量负荷。但是，当你长大一点，你知道这一切都是徒劳无功的，曾经是一个有趣的消遣，现在却是一份平淡无奇的苦差事。

然而，无论你生活在哪个阶段，重要的是，要明白“抛接游戏”有两个版本，每个规则所定的版本取决于你是一个人还是一只狗。

如何玩“抛接游戏”

游戏队员

“抛接”游戏涉及两名队员：一个人和一只狗。

装备

它包括的“物体”——通常是一个球或一根树枝，但也可能是一个飞碟。在任何情况下都不要被诱骗去跟回旋镖玩。

比赛场地

任何开放的空间，但通常是后花园、公园、草地、野外或者海滩。

游戏时限

与大多数运动不同，没有设置时间限制。“抛接游戏”结束于你或你的主人感到厌倦之时。在大多数情况下，你会首先经历这种感觉。

假投

虽然没有什么可以阻止主人这样做，但这种策略被认为特别违反体育道德。如果你的主人因为成功诱骗了一只狗而获得任何形式的满足感，为他们感到难过。他们有问题。

“抛接游戏”的两个版本

你主人的版本

1. 他扔出物体；
2. 你追它；
3. 你用嘴把它捡起来；
4. 你把它带回来给他；
5. 重复步骤 1 到 4。

你的版本

1．你的主人扔出物体；
2．你追它；

3. 你用嘴把它捡起来；

4. 你坐在那里，并把它掉在地上；

5. 你的主人反复地喊“去拿”，音量逐次增加；

6. 你不理他；

7. 你继续坐在它掉落的地方或者朝任意方向跑掉；

8. 你的主人叹了口气，然后不情愿地走向它掉落的地方，并把它捡起来；

9. 重复步骤 1 到 8。

> **当心雪球**
>
> 在冬季，你的主人可能会扔出雪球让你去拿，当你试图找回因撞击而解体的东西时，你的困惑和无奈让他们非常开心。不要爱上这种卑劣的把戏。

请参见“投球棒”与“接飞盘”。

烟花

据我和我的伙伴们进行的一项研究，对狗狗造成最大困扰的五种声音依次是烟花、迈克尔·布雷的唱片、雷声、门铃和真空吸尘器。

如果你没有经历过烟花，那么可以认为自己是幸运的。它们是一种制造噪音、灯光和烟雾的小型人造爆炸装置。特别是制造噪音，人类用它们来庆祝一些重要活动，诸如新年、宗教节日或者他们所谓的盖伊·福克斯烟火之夜等等。有些犬类行为学家认为，你的主人应该给你听一种音效 CD 让你熟悉烟花，缓慢地增加音量，直到你习惯于巨响。这可能有两个效果。它可以让你逐渐适应这种噪音，但也可能造成精神创伤，甚至更多。

不要冒险尝试这种结果。如果你觉得你的主人看起来打算尝试这种实验，那么请咀嚼那张 CD。

烟火之夜注意事项

· 烟花爆炸的时候，不要在花园里走动。这不是证明你的勇气的时候。

· 一定要在这种干扰启动之前吃饭，因为烟火一旦开始，你可能特别急于想要吃东西。

· 不要求你的主人带你去烟花展会。这种行为是人类所谓的“鲁莽”。

· 一定要试图说服你的主人打开电视，因为这将有助于掩盖烟花的噪音。在这些夜晚，你应该感谢那些还算是男人轻娱乐项目的、充斥着尖叫声的才艺表演。

· 一定要躲到让你感到安全的任何地方。无论你是腊肠犬还是杜宾犬，在家具下畏缩着都不算丢人。

· 在烟花爆炸时不要吠叫。它们听不到你的声音，而且并不怕你。

★表示我知道这听起来有些牵强，但它有可能发生。

另请参见“雷暴”。

跳蚤、虱子、螨虫和扁虱

当说到一种生物成为另一种生物的主人这方面，狗得到了不公正的待遇。犀牛有蜱鸟，鲨鱼有雷莫拉鱼清洁牙齿并吃掉死皮。不同物种之间的联系是可喜的、这和谐的，而且互惠互利的。

我们有蚤子、跳虱、螨虫和扁虱。与其说是一种共生的关系……不如说更多的是一种血腥的滋扰。

我对寄生虫的指导意见

跳蚤

虽然症状是不好的（极其瘙痒，搔抓或者咬感染区），真正糟糕的是你可能要忍受的两种具体治疗方法。如果你的主人只是使用滴液、粉末或者喷雾，算你幸运。然而有时候，他们走“常规沐浴”路线，这会比寄生虫本身更加气人。甚至比这更糟糕的是灭蚤项圈，这种设备铁定会杀死两种东西：寄生虫和你的声誉。

虱子

虽然不如跳蚤那么流行，但虱子带来的痛苦仍然是一种比吃便便更糟的社交耻辱，甚至比被人看见吃别人的便便还要糟糕。虱子感染会让你秃头，它的治疗可能包括：把感染区周围的毛剃光，这永远不会好看。人类认为秃顶可能会具有吸引力或者它是男性雄风的标志，但那种情况从来都不会发生在狗狗身上。我的意思是，你见过一只墨西哥无毛狗吗？

螨虫

有螨虫让你希望你有跳蚤。它们具有寄生虫的一切特征：小得连你主人的肉眼都看不见，有爪，在皮肤下面产卵并具有高度传染性。具有这些特征之一的寄生虫已经够糟糕了，而螨虫具有全部四个。你只是看到这个可能都觉得身上发痒了。

扁虱

如果你长时间在深草中活动，你会惹上扁虱。它们就像大螨虫，被称为寄生虫吸血鬼。它们钻进你毛发最少部位的皮肤里，这意味着你的脸和脖子，你的腿内侧以及“特殊部位”的周围。除了感染与疾病的危险之处，还有一个更大的风险——你的主人会尝试各种办法来除掉它们，他们认为那些办法行之有效，其实根本没用。这些办法包括用洗甲水、黄油、石蜡来覆盖它们，甚至更糟——烧死它们。

请记住，如果你的主人在你的毛皮附近的任何部位举起火柴或者香烟，快跑。越快越好！身体任何部位被烧，尤其是你的臀部，其疼痛将远远超过任何一只扁虱所带来的痛苦。

食物

如果你有机会先吃香肠，接着吃蛋糕，然后又吃裹满面酱的意大利面条，这没什么不好意思的。虽然人类不会同意这样的组合，但作为一只狗，你不需要觉得整个甜的 / 咸的东西很贵。你只需要知道一件事：食物就是用来吃的。

恶臭气味，在里面打滚

你正高兴地小跑到街上，吸入新鲜的空气，享受着你毛皮上的阳光，这时，你准确无误地闻到狐狸粪便的气味。突然，你的基因开始编程，被一种不可抗拒的冲动所战胜：必须……在里面……打滚！到里面……打滚去……

虽然内心深处，我们知道它会导致两件事情——被叱喝和洗澡——我们仍然这样做。这种根深蒂固的习惯可以追溯到我们还是野生动物的古时候。当我们暗中爬向猎物的时候，它是一种隐藏犬类气味的方式。它的效果出奇地好，并且成了一种传承至今的特质，即使我们现在所进行的打猎仅仅是侧身走近一罐纯正的鸡肉和肉汁。

以下是能让我们返璞归真的一些最好的气味：

狐狸的粪便

恶臭的凝固汽油弹。我不是说它会把你烧了。它不仅有令人作呕的气味，而且是真的附在你的毛皮上。如此难以消除，但如此令人心满意足。

牛粪和马粪

你不可能在城镇中遇到这些，但在乡村里散步往往能有一个令人满意的收获——在农场或马厩里的抚慰心灵的气味中流连忘返。

动物遗骸

这可能是路边的一只死鸟，狐狸、老鼠、大鼠、猫或松鼠，或者

海滩上的海鸥。如果你很幸运，它可能已经分解，或正如我们说的，“成熟的”。

陈腐的食物

狐狸有一个爱好，在夜间敲翻垃圾桶，并清除残留的食物。有时它们会给你留点东西去打滚。最受追捧的包括陈腐的意大利面、番茄酱和腐臭的鸡。

呕吐物

不要太挑剔。它可以来自一只猫、一只狗或一个人。让你的主人把你带到酒吧停车场附近散步，这往往会提供来自人类的一个良好的食物源。

狗狗语录

查理：……狐狸的粪便。恶臭的香奈尔5号。

狐狸

只是因为所有的人类都属于同一物种，但并不意味着他们就会很自然地相处。我们的生物学家族犬科也是一样。在这个集体中，你会发现狗、狼、郊狼、野狗和豺。我们有一定的相似之处，但我们每一个成员都有一个共同点。我们都讨厌另一位犬科成员：狐狸。以人类的家庭组成来讲，它们就像是真正令人讨厌的姐夫。没有人能够准确地找到它们如此恼人和令人难以忍受的原因。它们就是讨厌。

虽然狐狸跟我们有亲缘关系，它们有着垂直的瞳孔，可以爬上树，有可伸缩的爪子，扑向猎物，夜间活动更加活跃——所以它们实际上与猫有更多的共同点。

也许这就是我们恨它们的原因。

冰箱

你知道立在厨房里的白色大家伙吗？它不仅仅是另一种家用电器，它还是通向一个奇特世界的大门。

把它想成类似于可以把你送到奇幻王国纳尼亚去的那种魔衣橱，（我一直很喜欢 C. S. 路易斯的作品——如此耐咀嚼），但它带我们去的地方重要得多。冰箱将我们带到食物的世界。

看到你的主人打开冰箱门，几乎是一种精神体验——它将伴随着天堂的光辉和狗狗天使温柔的呼喊。好吧，我撒了谎，没有天使，但是有明亮的光芒洒在香肠、熏猪肉、鸡肉、牛肉和一大堆特别的美食上。

平时冰箱会被打开很多次，通常你的主人会拿走那些世俗的东西，比如牛奶、汽水或果汁什么的。他们觉得这是解渴的机会，你必须把它作为用眼睛卖萌以乞求食物的最好机会。

冰箱磁铁

这些东西是什么：

装饰性的磁铁，有时粘着度假目的地的名字，永久地提醒着你被寄养在犬舍里等待主人回来的那段郁闷时光。有时只用于装饰，其他时候作为一种工具，附上他们的购物清单，惨不忍睹的儿童图画或其他人的照片。

这些东西不是什么：

可食用的。

狗狗语录

本特利：外面，是一个白色箱子，里面，是一个奇幻世界。

接飞盘

有关狗粮的家庭生活电影和电视广告有很多事实需要澄清。当然，在屏幕上，一只狗以慢动作跳离地面，在飞行途中用嘴抓住飞盘，这是一个姿态优雅、身体轻盈的动作，不亚于你在俄罗斯大剧院芭蕾舞团看到的任何舞姿。但正如你可能已经发现的，现实却是大相径庭。

接球还好一点，它们一上一下。如果它们反弹的话，即便是最差劲的斗牛犬也会清楚地知道它们要去的地方。然而，飞盘有自己的思想，它们改变轨迹的速度比我们改变撒尿地点的想法更快。如果你对自己是否有接飞盘的必要技能和眼睛 / 嘴巴的配合能力有任何疑问，你就别去做这种尝试。起跳失误使你错过飞盘而完全地摔在自己背上，这还算好。最坏的情况是，你会撞到你的嘴或头，你失去的不仅是自尊，可能是知觉。

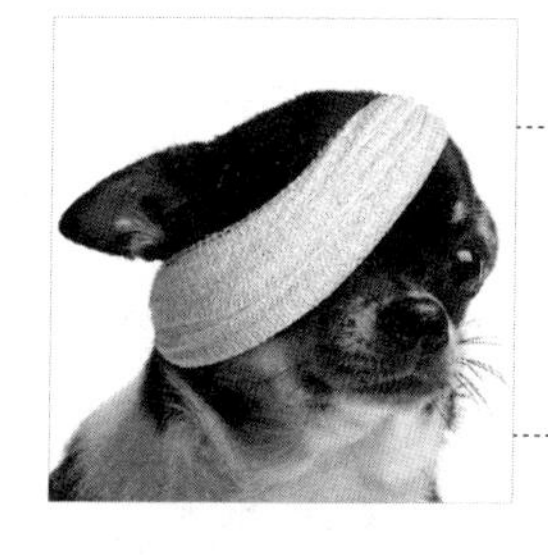

狗狗语录

查理：当然，这是一个无伤大雅的玩笑……

请参见“抛接游戏”。

在黑暗中发光的眼睛

你有没有看见镜子里的自己，他看起来像长有一双闪着红光或绿光的眼睛，让你像一只邪恶的地狱之犬而不是一只昵称为波琪的爱犬？太棒了，不是吗？

事实是，你不是真的被恶魔缠身。这种灵异般的发光是由于特殊的集光膜，使我们的眼睛从某个角度看时仿佛真的令人毛骨悚然。

这种膜给了我们两个很大的优势：

1. 它有助于我们在黑暗中看得更清楚。

2. 我们可以吓坏我们的主人。

大自然不是很神奇吗？

出去

你可能会听到你的主人说待在家里，其实是出去的一个新的说法。他们在说谎。

对狗狗而言，出去是我们最喜欢的、永远无法取代的休闲活动。当然，出去并不意味着购物、看电影、看展览或在一家高档餐厅吃饭。我的意思是后花园。

被驯化意味着我们不再享有林地、森林或草地的自由支配权，但即使如此，我们仍然渴望清新的空气和踩到东西的感觉，那不是踩在地毯或廉价木地板上的感觉。

我们为什么喜欢到花园里去呢？嗯，除了有机会去探索我们的环境、鸟和松鼠之外，它还是一个比在休息室或卧室排便更加文明的地方。然而，我们喜欢出去的主要原因，是它真的让我们的主人不敢松懈。

内行的出门指南

步骤一

选择最佳时机；选择会导致最混乱场面的必要时刻出门。建议包括在新一轮北欧轮盘戏的黑色数字系列开始之时，在某个重要的体育赛事结束前五分钟，在某个至关重要的电话通话中间，或者你的主人刚刚睡着之时。

步骤二

把自己置于你的主人和他们目前正在做的事情之间。带着愤怒的表情目不转睛地盯着他们。如果主人不理你，转到步骤三。

步骤三

哀号或吠叫以被放进花园。这样做，只是为了让你的主人知道你想出去。

步骤四

你的主人会叹一口气，站起来，不情愿地打开后门，通常会说“没有下次”或发誓。如果是在晚上，就在他打开门前，他会补充说“不准叫”，并充分认识到这一要求的绝对无效。

步骤五

出去。

步骤六

探索，追逐，拿东西，奔跑，排便，解小便或在某些不适合的东西里打滚。大声吠叫。

步骤七

哀号或吠叫以再次被放进屋。

步骤八

每十到二十分钟重复一遍步骤一到七。

狗狗语录

莫莉：让我进来。我想再出去一次。

吃草

你很快就会发现，人类和我们之间的最大区别之一是，我们每只狗如何对待任何既定情境。作为狗，我们往往本能地行动，只是做这件事而已。而人类，从另一方面来讲，真是想得太复杂。最恰当的例子就是这个问题，既然我们主要是食肉动物，为什么我们喜欢吃草或其他植物？多年来，人类一直在思考这个问题，仍然不知道答案。

人类以为我们吃草的原因

· 这是一种对肠胃不适的自然疗法：草让我们呕吐出不愉快的东西。

· 它给我们提供额外的营养和纤维。

· 它弥补缺食性营养不足。

· 这是一种返祖现象。

· 这是一种焦虑的迹象。

我们吃草的真正原因

· 我们喜欢那种味道。

梳毛

如果你讨厌洗澡，你会非常讨厌去做宠物美容。

当然，这些地方都有诸如靓丽小爪、浮华毛皮或是时尚狗狗这些可爱的名字，但那只是为了掩盖这样的事实：在迷人的门面背后是对狗狗来讲最可怕的地方。

当你到达那里的时候，不要被一种虚假的安全感所欺骗。那里会有一个漂亮的小接待区、水和一碗诱人的零食，你似乎正在入住一个豪华的宠物狗精品酒店。然而，你是知道的，下一件事就是你的主人把你交给一个完全陌生的人，你被带到另一个摆满了可怕设备的房间。它就像某种中世纪的酷刑室，刑具不是拷问架、铁处女和老虎钳，而是修剪工具、除毛梳子和干燥机。

你会被捂上嘴，绑在桌子上，然后被各种修剪并被刷毛，然后被放在一个笼子里等待接收。

实施这一切的人很可能更适合于在关塔那摩海湾工作而不是在美容沙龙。如果大赦国际知道这个真相，一定会发出强烈呼吁。

狗狗语录

波莉：有图有真相。五字真言：小心美容师。

手袋

如果你是那种站在一只完全长大的吉娃娃狗和波美拉尼亚小种狗旁边仍然感到害怕的狗，那么你很可能会发现，自己会被放在这种工具里面被运来运去。

它的优点是，有时被人带着出去也挺不错的，特别是当你长着小短腿。缺点是，你可能会发现自己与其他东西共享有限的空间，诸如索菲·金塞拉的平装本，肮脏的梳子，阿司匹林，各式各样的笔，小镜子，纸巾，香水和（或）水，卫生巾，手机，大管的遮瑕膏和（或）润肤霜，吃了一半的咀嚼口香糖，耳机和墨镜。

你可能认为利大于弊，但是想想，如果你患有幽闭恐惧症或坐在眉笔尖上的急性恐惧症时你的痛苦。

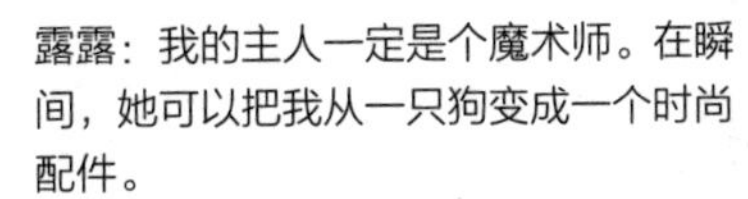

狗狗语录

露露：我的主人一定是个魔术师。在瞬间，她可以把我从一只狗变成一个时尚配件。

发情

这是雌性狗生殖周期中的一个阶段，在这个周期中，她变得易于接受与雄性交配。在人类术语中，它被称为“发情”。

如果你已经绝育，你身上不会经历这种变化，它一年发生两次，每次持续两到三周的时间。这期间你的雌激素水平会上升，你会排卵。你也可能会流血，因为目前还没有发明宠物狗卫生棉条之类的东西，你必须非常小心，不要弄脏你主人的地毯或家具——只是在沙发上弄了点泥土就会挨一顿臭骂，更别说这种情况……嗯，还需要我多说吗？

水龙带

如果你住在一个有花园的房子里，这种东西对你来说会很熟悉。它们看起来像邪恶的吐水绿蛇，又像眼镜蛇一样令人着迷。警惕：你主人的手腕微妙地一抖，它们便可以从植物浇水工具自然而然地成为提供意外洗浴的装置。

老人

这些人是相当于犬龄约十岁以上的人类。拥有其中一个作为你的主人会是你的福气。

优点

· 他们往往比年轻人更多地依赖我们，正因为如此，他们真的很宠我们。

缺点

· 我们通常会为他们放的屁而受到责怪。

小孩

这些都是年龄相当于小狗的人类，也被称为儿童。与他们同住一屋时有一些坏处，但也有一大好处。

缺点

· 他们拉我们的尾巴。

· 他们向我们吠叫。

· 他们紧紧地拥抱我们。
· 他们宠我们太难了。
· 他们藏我们的玩具。
· 他们觉得向我们喷水很好玩。
· 他们用错误的方式抚摸我们的皮毛!
· 他们坐在我们的背上，大喊：“驾！驾！”

优势

·他们的协调性很差，更容易意外地把他们的食物掉在地板上

接种

犬细小病毒、犬瘟热、钩端螺旋体病以及犬传染性肝炎——我不知道还有什么比它们更糟。幸运的是，医学的进步意味着我们可以预防感染这些病毒。不幸的是，我们预防感染的方式是，由兽医使用一种被称为注射器的设备。这个注射器里含有人类所称的疫苗。

这个真不错。

注射器还含有一个非常尖的针。这是非常糟糕的。

犬舍

人类短语“犬舍中的人”是指那些不光彩的人。

这个短语应该适用于任何想让你睡在外面的人，在你说出“我的血都要冻成冰了”之前，已经把你放在某个布满蜘蛛网的发霉的木房子里。从咆哮到哀号，从吠叫到乞求，利用一切手段抵制你的主人让你睡在这里。他们会尝试说服你，这种另类住宿是温暖并干燥的。记住，住在户外既不温暖也不干燥。

狗狗语录

雷克斯：我，睡在外面？在花园里？在棚屋里？你在开什么玩笑！

犬舍名

这些名字与犬舍无关。你的犬舍名是良好教养的标志，从字面上讲。

它等同于人类被称为塔尔·庞森比·史密斯，除了它更可笑以外。

它基本上是你的名字（有时是你的父母的名字），被添加到你的繁育者名字上。除了你的繁育者的名字不会是像乔治或玛格丽特这样简单的名字以外，它将是一个注册到犬舍俱乐部的完全独特的单名，最好的情况是它不同寻常，而最坏的情况是它很可笑或者疯狂。

一个狗舍的名字让其他狗知道你有一个谱系，当你被叫作像奥利弗·阿卜拉克萨斯·榛子·六音孔玩具哨笛或者色鬼·伊达尔戈·鸡距·无糖饺子的时候，问问你自己，它是否配得上那个身份。

狗狗语录

伯蒂：在我的地盘，人们都知道叫我伯蒂。如果我的朋友发现我其实叫作英格尔伯特·月亮女神·阿尔忒弥斯·泡芙泡芙黄油杯，我简直不想活了。

请参见“名字”。

寄养犬舍

你的主人会告诉你这是宠物狗旅馆——他们去度假的时候你所待的地方。表面上看，这听起来很吸引人：一次在不同的环境里放松和享受的机会……就像你自己在度假！

事实却有点不同。像人类的酒店一样，寄养犬舍也分三六九等。但是以我的经验，它们大多数似乎都是由像诺曼·贝茨这样的人而不是康拉德·希尔顿这样的人创办的。

你真的住在很差的寄养犬舍里的五大标志

1. 你的床上有一根毛发……它不是你的。

2. 在你对面的犬笼里有一只发情的母狗，并且整个通宵，游客络绎不绝。

3. 在夜晚，一只狗在发牢骚，让你睡不着觉，“帮帮我！帮帮我！”

4. 运营商们显然混淆了“寄养犬舍”与“拘留营”这两个概念。

5. 你走的时候身上的跳蚤比你进来的时候多。

接吻

人类认为我们舔他们的时候，它就相当于一个吻。傻瓜！

他们没有意识到，那只是我们的返祖现象，那时我们会舔母亲的脸，作为一个信号，说明我们饿了，她就会吐出部分已经消化的食物喂给我们。

只要他们继续认为这是感情的标志，而不是反刍，你会继续受到款待。

不要阻止他们相信这个。

狗狗语录

默里：猜一猜，三十秒钟前，我在舔我身上的什么部位……

激光笔

你所需要的一切就是一支廉价激光笔和一个平坦的表面，一时间你就会被跳动的红色或绿色斑点搞得如醉如痴，从一只爪子跳到另

一只，在整个房间、墙上以及任何你认为它会躲藏的犄角旮旯里，追着它跑。

自二十世纪五十年代末被发明以来，激光笔已经影响了人类生活的许多领域，制造、天文、娱乐、医学、战争、消费电子产品——现在，它似乎成了宠物的烦恼。

皮带：纠缠的乐趣和享受

人们说，他们给我们拴上皮带是为了保护我们避免交通事故，并确保我们不去追赶猫、松鼠或其他狗。在某种程度上，确实是这样，但真正的原因是，他们想对我们说，“嘿，看着我。现在谁是大哥大 / 大姐大，嗯？”

这种情况太悲哀了，当你被一根皮带拴着，你的主人通常享有控制权……但这并不意味着你不能享受其中的乐趣。正如在打斗中，成龙会将任何东西为他所用，你可以采用完全相同的方式使用皮带。

方法 1：运动纠缠

在没有任何预兆的情况下，突然在你的主人前面或后面做十字交叉。这将惊吓到他们，其结果是暂时失去平衡，动作难看地恢复原状，暴露出身体可笑的不协调。如果你俩都在跑步的话，效果会更为明显。

方法 2：定点纠缠

当你的主人站在街上和别人交谈的时候，采用忍者模式并悄无声息地绕着他的腿走几圈。如果一切按计划进行，他应该会全神贯注于对话（如果有任何程度的调情更是如此），当他想要离开时，他会失去两样东西：他的平衡和他的尊严。

狗狗语录

罗洛：猜猜接下来会发生什么？

爬跨人腿：常见问题解答

在凌晨四点大声吠叫，靠在你的邻居的新车旁边解小便或者吃大便：如果你认为这些都是尴尬的行为，但它们跟爬跨人腿相比简直是小巫见大巫。这是一件能让你主人的脸变得比赤毛塞特种猎狗更红的糗事，尤其是当它涉及客人时。

为什么我要这么做?

A. 给你的主人造成最大的尴尬

B. 这么做感觉很好

你爬跨人腿的原因应该是 A 和 B 两者兼有，大多数人认为我们之所以爬跨人腿，那是因为它是我们的性欲发泄方式。嗯，很多时候是这样，但在其他时候，是因为我们正在展示统治权，或只是正在玩耍。

人类认为我们性欲极强，这样很好，因为这会使他们感到很不舒服。要利用这一事实。

狗爬跨人腿是很自然的吗?

对。但是记住，在任何情况下都是自然的，如果角色互换，在任何情况下都是不自然的。

爬跨人腿意味着我被他们所吸引吗?

一点也不。你只是在挠身上的痒痒。这条腿可能属于那些看起来像好莱坞大明星的某个人，或是你在日间访谈节目里看到的某个人。对我们来说，这并不重要，这只是一个用来摩蹭的好东西。

感谢上帝。我的主人酷似一只正在咀嚼刺人荨麻的毛唇斗牛犬，否则我怕我会失去任何自尊的外表。

你没有什么可担心的。

我也有种爬跨家具的冲动

呣。丑陋的主人还是桌子腿……明摆着的事儿。

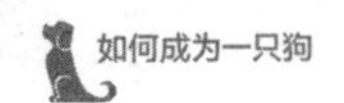

邮递员

这些穿制服的入侵者是坚持不懈的。他们几乎每天都在接近你的房子。你一吠叫，他们就转身走回去，并驱车离开。

但是第二天，他们又回来了。

然后是第三天。

然后是第四天。

难道他们不知道他们并不受欢迎吗？

你总是要提防邮递员。他们不仅可以试试他们的运气，侵占我们的领地，而且他们也是厄运的预兆。你的主人收到的信件告诉他说，你必须为你的后续疫苗注射去看兽医，你知道这事吗？邮递员也脱不了干系。

疥癣

这是一件要紧事，听起来很糟糕：疥癣。这个很尴尬的皮肤病的实际名字是，犬疥螨。

如果你患有疥癣，你应该期待两件事：

1. 你的主人会尽快让你接受治疗。

2. 他们发这个音“mange”（疥癣）的时候，带着庄重的感觉，像是在说餐后甜品“blancmange”（牛奶冻）的第二音节。这让情况更为复杂，有欧式感觉，并减少了耻辱感（如果不是瘙痒的话）。

标记你的领地

作为狗，说到跑马圈地，这对我们来说并不难。事实上，解个小便很容易。

你要做的一切就是，在你想指定为你的空间的区域里撒尿，你标志性的尿味意味着其他狗知道那是你的地盘。从那条石块路到大玫瑰丛的那点花园地吗？只要跷起你的腿。从车道的尽头到那个角落的那片区域吗？只要跷起你的腿。

这就是你需要做的一切来表明你的领地。不必花钱，没有冗长的表单填写，也不必应付官僚的地方当局或贪婪的律师。你可以拥有多少领地，只有两个限制因素。第一是你的想象力，第二是你的膀胱容量。

作为领地的家具

你的领地不一定是你房子外面的空间。它可以是你最喜欢的椅子、沙发或者你主人的床，没人在家的时候，你就躺在上面。在这种情况下，在上面解小便来标记你的空间是不可取的。相反，在织物上摩擦你的身体和脸会传递你的自然气味。你的主人将更为欣赏这种方法。

狗狗语录

米罗：感谢我不协调的大膀胱，我可以宣布拥有这整个田野。

请参见“领地”。

交配

如果你在爱的方式上缺乏经验，我有两个建议：其一，不要担心。当时机到来时，作为一只狗，你会发现这个过程是自然而然的，和人类的方式相比，它非常简单。

典型的人类交配仪式涉及——

· 大量的酒精

· 混合信息

· 挫折

· 混乱

· 失望

· 尴尬

· 反响

· 遗憾

典型的犬交配仪式涉及——

· 雌性展开自己的后肢

· 呃……就是他

其二，特别建议

如果你睡在你主人的卧室里，你可能会被他们的交配声吵醒。当这种情况发生时，从你的床或篮子里坐起来，然后盯着他们看。这将使他们感到非常尴尬，通常会缩短这个过程。在这个例子中，你从宠物变成了避孕工具。

微芯片

你们大多数狗在小时候都会被植入这种东西。植入的意思是，会有一根大针插入你肩胛骨之间的皮下。一旦被植入，你就不用管它。它的好处是，如果你被发现在四处流浪，动物收容所或兽医可以扫描你的微芯片，让你和你的主人团聚。缺点是，要像杰森·伯恩一样玩失踪是不太可能的。有所得，必有所失。

混血儿

如果你是一个混血儿，那么为你的血统感到自豪，并感激社会的态度正在发生变化。遥想当年，混血儿会被嘲笑和侮辱为“杂种”。幸运的是，那种名字正慢慢被“私生子”这个词所取代。

狗狗语录

可可：杂种？作为一只长耳卷毛狗，请把我作为时髦的杂交品种来看。

口套

口套比任何语言更能说明你的个性。不幸的是，它通常会说，“我是犬版的汉尼拔·莱克特”。无论你从哪个角度看，都很难说出这个东西的好处。

虽然它们阻止你咬人，大多数口套还是能让你正常吃喝。即使食品是肝脏和蚕豆……

狗狗语录

子弹：不要用封面来判断一本书……尽管我戴上这个是为了防止我吃书。

名字

俗话说，“你可以选择你解小便的地方，但你无法选择你的名字。”人类坚持给我们起的名字，分别属于下面四个类别：适当的，过于激进的，过于高贵的，或只是古怪的。如果你喜欢你的名字，或者如果它准确地概括了你的性格、外形或者气质，比如微笑天使、小黑或小尿包，那当然好。

问题是，有时我们被赋予了某个名字，人类认为它真的很有趣或是很可爱，而它显然不是那样。

那么，狗能做什么呢？不幸的是，能做的不是很多。就像我们，一个名字管了一辈子。

当然，你可以直截了当地回绝这个名字，但这只会激怒你的主人，可能让你参加一个服从训练班（那是无论如何要避免的）。唯一的选择是学会接受它，即使它可能是具有刺激性或羞辱性的。

毕竟，如果人类选择称他们的后代为印第安、极好的东西、苹果或哈珀·塞文，那么他们选择把新生的西施犬叫作柯林又有什么奇怪的呢？

由人类所赋予的四类犬名举例

适当的	过于激进的	过于高贵的	只是奇怪的
科迪、雷克斯、王子、小姑娘、贝利、马利、小发明、可可、米罗、斑点、莫莉、漫游者、贝拉、查理	杀手、剃须刀、钢板、老板、硝基、子弹、暗黑者、破坏神、犹大、开膛手、刀、大酒瓶、终结者	麦斯威尔、伍丁顿、主、波内英顿·恩德之的巴克先生、爱丽丝夫人·冯·毛皮外套	奈吉尔、戴夫、克利福德

狗狗语录

基思：我绝对讨厌我的名字。基思应该是一个地毯装配工或水管工，而不是查尔斯王小猎犬。

考特尼：真的吗？真的吗？我看起来像个血腥的考特尼吗？！

寂寞的主人

从一定程度上讲，有一个寂寞的主人是件好事。你会得到很多的感情、玩具和零食，但也有被他们的爱窒息的风险……有时是被过多地拥抱。狗也需要自己的空间，所以当你听到下面的短语之一的时候，你有可能想让自己躲得远远的。

这些话表明主人有点寂寞

- 你是唯一了解我的人。
- 当我有你的时候，谁还需要一个男朋友？
- 没有你我该怎么办？
- 你是第一个，最后一个，我的一切。
- 你肺里的每一次呼吸都是给我的一个微小的、美丽的礼物。

这些话表明他们非常寂寞

- 我希望我能嫁给你。

绝育

本节是写给雄性狗的。雌性狗应该看“卵巢切除”。

我们的主人们自然会关心你多次成为很多他们不想要的小狗的父亲，但他们不是花时间为我们讲解禁欲，或者让我们戴贞洁戒指，而是移除我们的睾丸。

是的。移除两个睾丸。

人类相信这是正确的事情，他们告诉自己，这也将防止癌症和前列腺的问题。他们称之为绝育，因为这比称其为“阉割”使他们不会感到那么内疚。

我不会在这里谈什么整个绝育过程的细节，只是说它涉及到在你的生殖器附近会出现某种尖利的东西。如果我再告诉你，你就要离家出走了。

绝育中甚至更加令人不安的其他三个方面

在你没有签署同意书的情况下，有人就来侵扰你的下体，如果这还不够令人懊恼，那么下面这些会让你更加心烦意乱。

1. 由于手术涉及全身麻醉，你事先几个小时都不能吃东西。几个小时！

2. 你的下身会被人剃光。之后你去公园玩，连睾丸都没有，这会真正伤害你的自尊。

3. 为了阻止你舔舐伤口，你可能不得不穿上伊丽莎白圈筒。这往往比整个绝育过程更痛苦。

手术后要做什么

1. 充足的休息。

2. 同时结合这四种情绪，练习一种表情：顺从、痛苦、愤怒和怨恨。

3. 坚持那种表情，直到你的主人对它的效果有了免疫力，意识到你几年前就已从你的创伤中恢复过来，现在只是装出来的。

狗狗语录

洛基：在我被手术之前，我经常追着猫跑，骑在其他狗身上，对邮递员狂吠。现在我的时间都花在盯着“大哥哥”现场直播看，或者眼巴巴地看着窗户外面。

群体，保持你在其中的地位

想当年，当我们是狼而不是狗的时候，我们成群结队地跑来跑去，寻找食物，保卫我们的领土。那种生活激动人心，危机四伏。它就像是一个无须戴头巾的、生活艰难的街头帮派。

如今，我们能成群地四处跑动的唯一机会是在公园里，我们与其他狗的关系是短暂而偶然的，类似于人类网上约会的经历。

从野外的艰辛生活到蜷缩在城郊的一张扶手椅上，这种境况变化意味着我们的群体性质也发生了转变：现在是我们的主人和他们的家庭。尽管这是个新的动态，但同样重要的是，我们在今天的群体中要占据主导地位。

为确保你在群体中的大哥大 / 大姐大的地位，要做些什么？

过去	现在
具有好斗而强有力的个性	躺在大厅里或者门口，以至于人们不得不绕过你
用牙齿和爪子去战斗，以保护你的领地	在皮带上硬拉
领导那场捕猎	拒绝去拿树枝
第一个打倒猎物	你的主人想看电视并要你挪动一下的时候，你从沙发上跳起来，并把自己扭动到更舒服的位置
攻击任何对你权威的挑战	轻轻推开，一直盯着

请参见“大哥大 / 大姐大”。

指

在许多场合，你的主人会把手握成拳头，伸出食指 *，同时他会惊叹道，“看”，并期待你兴奋地向他手指的方向转动你的头。

对这个命令的反应应该只有一个：盯着他的手指，绝不看他手指的方向。

一次又一次地坚持重复说“看”，这会令你的主人感到难以置信的沮丧。在他的愤怒与命令的音量之间有一种明显的相关性，但别理它。他说的“看”越多，你越是盯着他的手指看。

别担心，你不会错过任何东西的。几乎不可能发生的是，他会指着什么值得一看的东西，比如宠物食品厂的未打开的门或外出一天的一群猫。它将不可避免地是某个无聊的东西，像一根树枝什么的。

* 是指拇指旁边的那根手指，捏起来很好玩。

排便：常见问题解答

当我排便的时候，主人一直看着我。我能做什么?

没有人喜欢有人看着他们排便。它不仅令人不愉快，也令人非常尴尬。如果他们坚持要看，你所能做的就是给他们一个最好的眼神，“嘿，我可以有一点隐私吗？”然后你继续。

散步的时候，我应该总是在同一个地方排便吗?

你疯了吗？当然不是。让你的主人去猜，这才有趣。

排便的最佳时间是什么时候?

在它让人最不舒服的任何时候。建议包括：

- 在你刚刚排便两分钟以后
- 在你穿过的一条非常繁忙的马路中间
- 你不应该排便的任何时候（任何地方）

散步的时候，我该排便多少次?

比你主人所携带的大便袋数多一个。

用某个“战利品”来擦我的屁股是否恰当?

当然。可以考虑把路边草坪或道路的一侧作为天然的卫生纸。

我通常要花好长时间来找到一个完美的排便之地。我找到一个地方，闻一闻，转几圈，往前走几英尺，再闻一闻，转几圈，然后走回原来的地方，再闻一闻，向前走几英尺，再闻一闻，再转几圈，再向前走几英尺，又转几圈，再闻一闻，直到最终找到正确的位置，而它通常就是原来的地方。这整个过程真的让我的主人非常恼火。

对此你怎么看?

狗狗语录

斑点：嘿！请给我一点隐私！

泥泞的水坑

这些东西的存在有且只有两个原因：

1. 用来给你打滚。
2. 用来给你喝水。

装可怜

说到影响并操纵你的主人，你的军需库里最重要的武器就是装可怜的能力。

当乞讨无果而终的时候，装可怜是最常用的武器，经常被用来让你的主人感到羞愧而带你去散步，或者让他们为把你独自一人扔在家里而感到内疚。

如何装可怜

正如我在章节“乞讨”上说的（见 16 页），你不必为有一双萌萌的眼睛而想变成一只小狗。这不仅仅是一双眼睛的问题，有一些微妙的头部运动，可以最大限度地提高你想唤起的主人的内疚感。

· 把你的头歪下来。

· 想一些真正悲伤的事情。

· 抬起你的眼睛，从你的睫毛看出去。

· 耸肩。

· 不停地把你的重心从一只前爪转移到另一只。

让你的主人感到格外的羞愧

· 将你的头微微地偏向一边。这是一个细小的举动，但会收到意想不到的效果。

让你的主人感到罪该万死

· 将你的头轻放在你主人的膝盖上，做以上所有的动作。

如何看上去真的、真的很伤心

成功地装可怜的关键显然是，看上去真的很伤心。当然，这可能是因为，你想到要被扔在家里待上四个小时（不大可能）而真的伤心，但为了演好这个角色，加深你主人的罪恶感，你给人的印象一定是有很多很多的悲伤。

你可以想象一下这些事情，以达到想要的效果：

· 公园关门了。

· 街上所有的灯都被拆除了。

· 你追赶并抓住了一个跳跃的球，但完全没有成就感。

· 猫全都向狗伸出友谊之手。

狗狗语录

贝拉：每天在镜子前练习四次，我现在只要瞄一眼就能引起主人的内疚。

狂犬病

关于狂犬病或者许多狗压低声音所说的“狂什么的”，你需要知道的只有三件事：

1. 它是一种病毒，影响你的大脑和中枢神经系统。
2. 它通常是致命的。
3. 你真的不想生这种病。

更糟的是，实际上有两种形式的狂犬病。一个被称为“狂怒型狂犬病”，导致激增的攻击性行为；另一种是麻痹型狂犬病并导致……嗯，不用多说。

虽然在英国几乎已经根除了狂犬病，但许多关于它的神话仍然存在。比如说，“跟别的狗共用一个碗，你会生这种病”或“我是比特犬，所以我不会生这种病”，所以我想我最好澄清事实。

纠正有关狂犬病的一些常见误解

· 被咬并不意味着你会患上狂犬病：只有被携带病毒的哺乳动物咬伤，才会患病。在公园被吉娃娃犬或腊肠犬开玩笑地咬了一下，应当被视为令人讨厌或令人尴尬的事，而不是必然的死刑判决。

· 过度兴奋不是患有狂犬病一个必然标志。它可能是因为你的主人在炒香肠。

· 同样，口腔长疱也并不意味着感染狂犬病。它可能是因为你运动得有点太多，胃部不适或只是咀嚼了一管牙膏。

· 任何狗都容易染上狂犬病，无论什么品种。哪怕你名叫宾基·托雷格·褶边–密友·塔蒂亚娜·温思罗普，并且一直是冠军榜中的克鲁夫茨犬展冠军，这都不能使你免疫。

· 成年猫会传播狂犬病，小猫也会传播狂犬病。可爱并不意味着无害。

· 出其不意地咬人，并不一定意味着你的狂犬病已经开始发作。它可能只是意味着你很调皮。

重要建议

如果你被一个患有狂犬病的动物咬伤，并且你的主人已经知道，不要抵抗被带去看兽医。老实说，这不是摆好立场的时候。

选择性听力

我们的听觉比人类的灵敏得多。我们可以听到更远距离的声音，我们可以听到他们只能痴心妄想的频率，有些狗甚至可以随着声音的方向旋转耳朵。真是邪门儿！

所有这些能力在日常生活中是有用的，但到目前为止，我们的听力的最大优势是过滤掉不必要的声音的能力。而不受欢迎的声音，不只是意味着我们不听主人从十英尺远的地方高喊的“去拿”，或者设法听到他们隔着两条街打开一包薯片的能力，我说的是，过滤掉不需要的部分谈话。这种情况会自然而然地发生，有时几乎是一种反射。

你主人说的话	你听到的部分
等我打个盹，就带你去散步	带你去散步
当我说吃饭时间的时候，就该吃饭了！	该吃饭了！
我不会随便给你零食，你得自己争取！	零食！
天晚了。如果你汪汪叫的话，你只能到外面去！	汪汪叫！

分离焦虑

主人们有玩消失的习惯，而同时它可能会令人不安，这是狗与主人关系中很自然的一部分。他们走的时间可以从几分钟（他们很可能坐在马桶上）到几周（他们很可能坐在阳光躺椅上）。即使独自待上两三个小时也会导致所谓的分离焦虑——担心你的主人一去不回——并意识到，这将危及你未来的食物供应、散步、抚摸和治疗。

分离焦虑可以从许多方面表现出来：撒尿、拉屎、号叫、狂吠、踱步、啃东西、刨挖或其他破坏性行为。有时它是这些行为的组合，当你在此基础上再增加一件事，比如吃自己的大便，那情形将会惨不忍睹。

对分离焦虑没有简单的解决方案，但下面的办法可能让你安心，至少让你少一点担心。

请记住有助于减少分离焦虑的五件事

· 他可能会离开一会儿（比如他把手机带到卫生间去玩粉碎糖果游戏），但你的主人会重新出现。

· 卫生间的门不是走进另一个时空的门户。

· 你主人离开的时间长短与他通常会带回的零食的质量之间成比例关系 。

· 你的主人消失之前坐进去的金属物体，只是一辆福特 · 福克斯轿车。他不是被邪恶的霸天虎绑架了。

· 你的主人很可能也患有分离焦虑症。

狗狗语录

拉尔夫：“我一会儿就回来。”她说。
如果每次都有零食，这话我愿意听！

鞋

休闲鞋、运动鞋、露跟鞋、靴子、高跟鞋、细高跟鞋、拖鞋、便鞋和凉鞋，几乎有无穷无尽的不同质感和味道……全都带有一种美味的破烂味道。慢慢地咀嚼一只破旧的粗革皮鞋，会有一种飘飘欲仙的感觉。然而，这个问题源于人类对鞋子的不合逻辑的依恋。既然我们不穿它们，就很难理解当我们摧毁他们的鞋类时，为什么他们会如此恼火。因此，如果你要咀嚼一只鞋，你必须确保藏好证据——把另一只鞋也藏好。

狗狗语录

布默：稍加练习，并不需要很长时间就可以品尝出克里斯提·鲁布托和莫罗·伯拉尼克两个品牌鞋之间的细微差别。

睡觉

作为一只狗，最美好的事情之一就是我们每天睡多少觉。如果你的主人对这个时间长短并不在意，那你太幸福了！如果他们要么是一个学生，要么在当地政府工作，那就太悲哀了。但当我们睡大觉的时候，没有人会说三道四。

很难准确地估计你每天应该睡多久。平均是十二到十四个小时，它牵涉到这么多因素——你的年龄，你的品种，你的健康，你的饮食和你的环境。你唯一需要知道的是，按小时来算，它算是“很久”的。

但为什么我们要睡这么久？没有人知道，不管怎样，谁在乎呢？能睡就尽量多睡吧。

如果你不想被带出去散步或被那个愚蠢的玩具所打扰，就假装睡着了。找一个温暖的地方，蜷缩起来，闭上你的眼睛，不时地颤动并轻弹你的爪子，显示你正在做梦追逐兔子之类的东西。

你的主人根本不会知道你是假装的。

狗狗语录

西德尼：每天睡十二到十四个小时吗？当然，如果我一躺下去的话。

闻

从灯柱到百合花和食品箱，再到狐狸的粪便，闻东西通常是我们散步过程中的重头戏。

如果在马路边有一具腐烂的臭鼬的尸体，我们会闻它。如果未经处理的污水从破裂的水管喷出，我们会闻它。如果一辆载着有布兰妮签名的香水的卡车已经撞毁，香水洒满大街，我们甚至也会去闻。

我们敏感的鼻子可以检测人类和其他动物的信息素，但更重要的是，它给了我们一个机会激怒我们的主人。停下来并闻每一个路过的对象，如此缓慢地、有条不紊地闻，这还不够，最重要的是翻来覆去地闻。每种芳香都得去品味。吸入那些精华，让它流过你的嗅觉神经末梢，找到你的第一感觉；再吸进一些，发现气味的核心；再进一步闻，欣赏它的整体、它的特点和混杂的气味。

细细品味这些味道

你只有多花些时间，才能真正欣赏每一种气味中的微妙香味。这是对几种关键气味的描述：

· 那棵苹果树：带有令人兴奋的麝香味和尿液标记过的果香。

· 那只长凳：一种微妙的香柚味，混合着一种铁锈油膏和尿液标记过的气味。

· 那片篱笆：杂酚油的气味，带有一点松树气味和尿液标记过的气味。

请参见“对接嗅探”和“闻嗅档部”。

卵巢切除

本节是为雌性宠物狗所写。公狗绝育应该看第 107 页（好吧，如果你不介意被打扰并感到难受）。

卵巢切除是雌性版的绝育措施，如果你要经历这个过程，如果我可以提供任何安慰的话，那就是，忘记你曾有卵巢和子宫比忘记你曾有睾丸要简单一点，相信我。

手术的好处是，你不会再怀孕或在发情时得到你不想要的公狗的注意——做这个手术值了。它也降低了患乳腺癌的可能性，虽然宠物狗不参与募捐长跑和穿着粉红色的芭蕾舞裙，但它也是雌性狗可能会遭受的一种病患。被阉割的缺点就是，手术后大约十天你不能去外面玩。它不是伤口的疼痛；被迫看十天日间电视节目，那是最大的不幸。

狗狗语录

小姑娘：说实话，我宁愿听一场有关禁欲的讲座。

松鼠

关于松鼠你需要知道两件事：

1. 无论我们如何努力去抗拒这种感觉，我们都本能地要去追逐并抓到它们。

2. 无论我们如何努力，我们都永远抓不到它们。

关于一看见那根毛茸茸的尾巴，我们就会眼前一红这回事，有些话不得不说。我们抛下手上的任何事情，停止聆听主人说话，或者置自己的安全于不顾，像这样失去控制力是令人痛苦的。但更令人担忧的是，尽管知道它们是啮齿类动物，并且不管你是多么可爱，人们总是会发现一只坐在后腿上、小爪子拿着一颗橡果的松鼠更加可爱。

有时它甚至把小猫都比了下去。

凝视

像在黑暗中发光的眼睛一样（见第 81 页），凝视是跟你的主人逗乐的一种美妙的方式。一次成功的凝视的关键不是你想的那样，只是睁大眼睛专注地盯着你的主人。虽然这可能会相当令人不安，但还是有可以使凝视更有戏剧性的效果。

以下行动将把令人不安的凝视变成吓坏他们的凝视。

方法 1：越过你主人的肩膀看过去，凝视着某种想象中的物体。

方法 2：跑进大厅，并突然盯着前门（为增强效果，开始吠叫）。

在这两种情况下，你必须给人的印象是，你肯定可以看到他们看不见的东西，比如某个维多利亚时代的孩子。

树枝

小心树枝。你的主人可能会坚持扔一根给你去取，但这些看似无辜的树枝却充满了问题。

为什么树枝不好玩

- 你有可能把它的碎片嵌入你的牙龈或舌头。
- 可能会折断，阻塞你的消化道或刺穿肺部。
- 它们不反弹。

狗狗语录

巴克斯特：树枝？是的……不是那么令人兴奋。

晒太阳

仅仅因为我们晒不黑，但这并不意味着我们不爱晒太阳。这就是为什么只要有机会，你会发现我们在走廊里打开的后门或在院子里暖和自己。

然而，我们也喜欢阴影，跟喜欢太阳几乎一样多。

这是度过一个夏天的早晨的典型方式：

步骤 1：躺在阳光下。

步骤 2：晒得太热了。

步骤 3：找到凉快的地方。

步骤 4：太凉快了。

步骤 5：重复步骤 1 至 4，直到吃饭时间。

游泳

有些狗像鸭子一样喜欢水。如果你是一只葡萄牙水犬或爱尔兰水猎犬，你会明白我的意思。你是狗世界里的米歇尔·菲尔普斯：自信、快速、飘逸。

大脑袋、短粗腿的品种（斗牛犬、哈巴狗和猎犬，我在说你们）看上去就像要发生溺水事故。

当你落水该怎么办

从水坑到水池，从溪流到海洋，水可以有多种形式。当你在水中时，要确定一个适当的行动过程，问自己："我能摸到底部吗？"如果答案是"是的"，那么你可以乱走或乱跑，肆无忌惮地溅起水花。如果答案是"不"，那么，除非你开始游泳，否则你会沉到水底。如果从这整本书里你只记得一条建议，那么它就是：狗不能在水中呼吸。

如何游泳

如果你是会游泳的品种（见上一页），那么做这些简单的动作：

A. 把你的头保持于水面之上。

B. 做跑步运动。

就这么回事！你所做的动作，恰如其分地叫作"狗刨式"，虽然它不是最优雅的泳姿，但这足以推动你，让你漂浮起来。

浮力

你的主人可能对你的游泳能力没有信心，会让你穿上犬类救生衣。这些救生衣色彩鲜艳，背上有一个手柄，这样你就可以像个毛茸茸的公文包一样被带走。

优点：它们将有助于让你漂浮，并可能挽救你的生命。

缺点：其他狗会笑话你。

在海里、湖里或河里游泳的特别建议

A. 在回家之前，你一定要沿着海岸或河岸散散步。

B. 寻找可能被堆放在那里的任何死鱼。

C. 在它们上面打滚。

狗狗语录

麦迪逊：那就是他们所认为的……

尾巴

摇尾巴总是意味着你是一只快乐的狗，人类为这种误解而遭受折磨。有时那种想法是对的，但有的时候不对。一切都取决于你的尾巴举得多高，摇摆的方向，以及摇摆得有多快，甚至还涉及你的臀部摇摆。如果那还不够令人困惑，它传递的信号还根据你的品种而有所不同——反正，有些犬种在放松的时候，会把尾巴直立并卷曲起来。另一些狗会把尾巴压得很低。还有些狗摇尾巴表示他们害怕或不安，甚至是一种警告。

狗狗们，当然，完全了解这些细微之处，但人类完全不知道你想用你的尾巴传递什么信息——那就是最好还是依赖有声语言与人类沟通的原因。

记住，一声吠叫值一千次摇尾巴。

人类认为我们有尾巴的四个原因

1. 传递各种情绪。
2. 在跑动和转弯时提供平衡。
3. 在游泳时提供稳定性。
4. 扇动起来以扩散我们的信息素。

我们有尾巴的四个原因

1. 当我们感到无聊的时候，它是我们追逐的东西。
2. 把东西敲翻。
3. 在清早六点敲打主人的卧室门，弄醒他或她。
4. 阻碍任何试图插入直肠温度计的兽医。

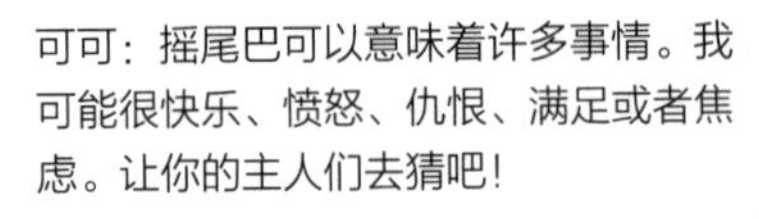

狗狗语录

可可：摇尾巴可以意味着许多事情。我可能很快乐、愤怒、仇恨、满足或者焦虑。让你的主人们去猜吧！

电视

如果你发现电视的整个概念以及传输声音与图像的机制和过程令人晕头转向，不要担心。你需要知道的关于电视的一切是，它的存在有两个目的：

1. 给人类带来娱乐。

2. 当他们把我们单独关在家里很长一段时间的时候，减少他们的内疚感。

至于第二点，人类不会赞赏的一点是，尽管他们体贴入微地把电视调好台并为我们调好音量，但当他们出去的时候，我们根本没有任何兴趣看电视。

原因呢？它不是因为我们有着非常有限的颜色视觉，或者我们的大脑以一种不同的帧速率处理图像——其实只是有一件事比等待主人的返回更加难以置信和乏味：看日间电视节目。

狗狗语录

巴斯特：《邻居们》的重播和有关园艺或家装的节目，你们称之为轻娱乐？我称之为对动物的残暴。

小精灵：我喜欢这个咀嚼玩具。

领地

有些狗称之为他们的领地。对其他人来说，那是他们的领域，他们的小块土地，他们的地盘或他们的庄园。它的名字并不重要，重要的是它所代表的意义。无论它是用来睡觉、跑步、玩耍、挖掘、追逐、嗅或玩球，你的领地就是你所认为的只属于你的。是的，我说了只属于你，但不可动摇的事实是，你通常必须与你的主人和他们的直系亲属分享。这是一个可以追溯到几千年前的事情，当我们和早期的人类共用洞穴时，他们给了我们庇护和温暖，我们帮助他们寻找猎物。你有什么办法?

无论如何，整个领地的概念并不是真的很复杂，而且你应该用它来做两件事：

1. 确保其他人知道它。

2. 防御入侵者。

只要记住，狗狗有权拥有自己的空间。别让其他任何生物抢走它。

入侵者

这些入侵者有着许多的伪装。在家里，通常意味着陌生人和陌生的动物（比如你主人的朋友的吵闹的博美犬），而在花园里，还包括鸟类、讨厌的邻居的猫和松鼠。实际上谁是闯入者并不要紧，你的任务是不惜一切代价来保护你的领地。

如果你忽略了这个本能，那么当你一转身，闯入者可能不只偷走了你的水、你的食物、你的骨头，或是你最喜爱的吱吱响的玩具，它还可能坐在你最喜欢的椅子上（十恶不赦的罪行，真是想都不敢想）。

关于领地的两件事

1. 领地不仅限于是你的主人有抵押贷款的空间。在狗的世界里，它也可以延伸到车道、车库，你追逐猎物的道路，甚至是周围的街道。

2. 你拥有的领地越多，就越难捍卫。当你决定将整个公园标记为你的地盘时，请记住这一点。

请参见“标记你的领地”。

雷暴

雷暴可以让最强的犬中豪杰表现得像个胆小鬼，但无论你做何反应，只要记住，狗狗表现出某种程度的不安都是完全自然的。它可以以不同的方式表现出来。有些狗会体验到轻微的焦虑，而对其他狗的效果可能是盲目恐慌和彻底的恐惧。

对我们大多数狗来说，这是对导致痛苦的未知事物的恐惧，所以首先要做的是懂得什么是雷电，什么不是。

什么是雷电

伴随闪电发出的巨大的声音冲击波。

什么不是雷电

狗之众神在狗的天堂里发出的愤怒的吠叫声。

明白雷电是一种完全自然的天气现象，它不会伤害你，这会让你在雷电确实发生之时思维清楚。思维清楚的意思是，把雷霆作为一种手段来做所有你通常不允许在房子里做的事情。这包括放声高叫，进入不准你进去的房间，咀嚼鞋子，当然，还有在里面撒尿或便便。

你的主人会把任何不寻常的坏行为归咎于你被巨大的噪音所困扰。你不仅会被原谅，还很有可能会被拥抱，并得到零食吃。

暴风雨的天气——现在那是绝对值得向狗神祈祷的东西。

狗狗语录

小玩意儿：好吧，这可能是一种自然现象，但请让我知道它何时结束。

请参见“烟花”。

待办事项清单

即使是最有组织能力的狗也会感到不知所措，因为他们每天都要做大量的事情。有时你可能会忘记做一些重要的事情，像乞求人类的食物；其他时候，你可能会纠结是否应该舔、抓挠或摩蹭……然后用全部的时间来做其中一件事情。

不要烦恼！你需要的只是一张狗狗待办事项清单。它是一张包括你需要执行的所有任务的优先顺序清单，这样你就不会忘记任何重要的事情。按照优先顺序来安排任务，你就知道什么事是需要你立刻关注的，什么事可以放到后面来做。

下面是一张典型的清单，但你必须根据自己的日常生活和你的需要来设计你自己的列表。

待办事项清单

[ ] 起床
[ ] 睡觉
[ ] 伸懒腰
[ ] 打哈欠
[ ] 向后伸懒腰
[ ] 喝水
[ ] 挠左耳朵
[ ] 挠右耳朵
[ ] 解大便 / 小便
[ ] 舔生殖器
[ ] 抖动全身
[ ] 吃东西
[ ] 喝水
[ ] 嚼东西
[ ] 对邮差吠叫
[ ] 小睡
[ ] 在沙发上磨蹭
[ ] 散步
[ ] 追逐东西
[ ] 解大便 / 小便
[ ] 玩东西
[ ] 挠左耳朵
[ ] 挠右耳朵
[ ] 喝水
[ ] 小睡
[ ] 舔生殖器
[ ] 抖动全身
[ ] 咀嚼东西
[ ] 散步
[ ] 向前伸懒腰
[ ] 解大便 / 小便
[ ] 在沙发上磨蹭
[ ] 小睡
[ ] 伸懒腰
[ ] 吃东西
[ ] 喝水
[ ] 向人类讨要食物
[ ] 小睡
[ ] 舔生殖器
[ ] 小睡
[ ] 挠左耳朵
[ ] 挠右耳朵
[ ] 喝水
[ ] 睡觉

狗狗语录

呆小子：我过去常常是得过且过，在我有一张小狗待办事项清单之前！现在我知道什么时候午睡，什么时候排便。它改变了我的生活。

手纸

没有对生拇指使狗狗们很难表达自己的创造力。比如说，我们无法握住画笔或钢笔，雕刻或弹奏大多数乐器，但我们能做的，是把一卷手纸拖得满屋子都是。

你的主人会觉得这既好玩又讨厌，但他们没有欣赏到卫生纸可以被散落的诸多微妙的方式。例如，有一种新的极简主义方式，你将四五张手纸以看似随机的几何形状或抽象表现主义铺在地板上，或者，你拉拽着手纸穿越房间，同时自发地改变前进方向。

不要让你主人的抱怨扼杀了你的创造力。记住，每一只狗的内心都有一位狗中的康定斯基在等待爆发。

狗狗语录

小密码：我通过手纸艺术来表达自己。我把这种特定技术称作撕碎主义。

请参见“厕所”。

厕所

它有一大堆其他名字如洗手间、厕所、WC或盥洗室，厕所就是浴室里面那个用瓷器做成的很大的白色物体，或者有时候，是一个独立的小房间。你也许会在厕所门微开着的时候经过那里，看到你的老板坐在上面，不知道他在做什么。

好吧，这是人类玩手机和阅读的地方，也是他们解大便和小便的地方。把它想成是一种高科技的垃圾托盘。然而，它为你提供了另一个更重要的目的：永远为你供应干净清凉的饮用水。

担心水的卫生问题？用不着。你从外面听到那种嗖嗖的声音了吗？那是厕所在自我清洁。另外，如果你喝过水坑里的水（我知道你喝过），那么很明显，卫生不是你要考虑的首要问题之一。

注意：如果你的主人在上厕所，门半开着，走进去盯着他们。看看他们有何反应。

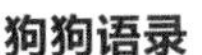

狗狗语录

玫瑰公主：说实话，你最好别用花园或街道来解手。它要简单得多。

培训：常见问题解答

在你早年可能会有那么一天，你的主人突然决定你需要培训。这是一个通常持续六到八周的过程，在这期间你将被期望学习一些所谓的“服从命令”。很多狗狗担心会发生什么，所以我已经编辑了下面的问题和答案，让你的头脑放松下来。

我怎么知道自己正准备接受训练？

有三个肯定的迹象：

1. 你会发现自己站在一个圈子里，在一个寒冷的社区大厅，或一个更冷的公园或野地里，旁边站着其他狗和他们的主人。

2. 你正被过分热心的前警犬训练员或自以为是的老姑娘大声吼叫。

3. 你特别特别无聊。

六到八周？这是一个很长的学习时间。我要完成所有的功课吗？

非常不可能的。你的主人会在你做到之前就忍无可忍了。

这些“服从命令”很难学吗？

难吗？学习如何坐或躺下来有多难呢？认为我们很难理解这些指令，我们的主人一定是把我们当白痴，或者是猫。

因此，最好尽快向我们的主人显示我们懂得这些命令吗？

不！你几乎快看完这本书了，你还没有学到我教过你的东西吗？无论如何，确保你懂得这些命令，但你决不应该让你的主人知道这一点。

但他们不会认为我们很愚蠢吗？

是的，这正是我们想让他们思考的。你的主人将把你忽视命令归咎于你是一种低智商的生命形态这一事实。他们绝对不会知道我们在肆意违反规则。

所以你说的是，通过假装不理解命令，我们可以做任何我们想做的事吗？

精确！当我们的主人喊“脚跟”时，我们可以坐下来；当他喊“过来”时，我们可以站着不动；当他说“放下”时，我们甚至不必“放下”。你的主人会为你不遵守规则而感到愤怒和沮丧。完美的结果！

公爵：我当然知道坐的命令……

真空吸尘器

你知道你家里的黑暗洞穴吗？嗯，事实是，它不是一个真正的黑暗的洞穴，它是楼梯下的橱柜。你知道生活在那里的龙真的不是一条龙吗？它是一个真空吸尘器。

这是一个人类用来打扫房间的机器，这个过程包括捡起你脱落的毛发。虽然真空吸尘器不像龙一样吐火，但它们发出一声响亮的轰鸣声也同样可怕。然而，好的事情是，可怕的噪音不会持续很长时间。

你可能会一周大约听到它两次（如果你掉毛很多，会更频繁地听到），但如果你只是跟男人一起生活，你会很少听到这种声音。

蔬菜

我知道这很难相信，但有一种食品甚至比狗干粮更加无味和无趣。人类称之为蔬菜。蔬菜有许多形状和颜色（嗯，严格说来那不是真的，因为它们大多数的颜色往往令人想起绿色）。然而，除了胡萝卜，它脆脆的，像牙齿咀嚼棒，所有其他的蔬菜都无味得难以置信并且无趣得令人麻木。

有时，他们带着一种完全错误的观念，认为应该增加我们的营养。你的主人可能会决定用蔬菜来补充你的正常饮食，但你一定要警惕：有些蔬菜是真的对我们有毒。洋葱、大蒜、韭菜、蘑菇、大黄、绿色的西红柿、生土豆和鳄梨对狗都是有毒的。

因为涉及你的健康，不要做任何尝试。避免所有的蔬菜。

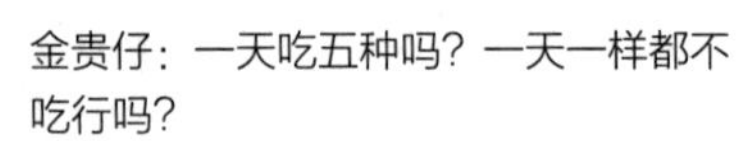

狗狗语录

金贵仔：一天吃五种吗？一天一样都不吃行吗？

兽医

简单地说，兽医就是动物医生——会拔掉你爪子上的刺和你的睾丸的人。

当然，他们的姓名后面有些神奇的名字缩写，但所有这些都是为了掩盖一个事实，他们不够聪明，无法被培养成人类的医生。因此，兽医显然把怨恨发泄在我们和其他动物身上。每次你在体检台上的时候，他们就想，“我本来可以成为一名世界著名的神经外科医生，而我却在检查这个雪纳瑞犬的兽疥癣。”这些挫折通常会通过某种形式表现出来，比如，粗暴的处理和一定程度的刺激和捅戳，这些动作通常与整理水果有关而不是与医疗职业有联系。

我们憎恨兽医的五个原因：

· 他们羞辱我们，说我们有寄生虫。

· 说我们超重了。

· 就是他们建议主人给我们用伊丽莎白圈。

· 五个字：肛门腺引流。

· 四个字：接种疫苗。

在兽医室候诊的指南

候诊室

一个对其他病员吠叫和被其他病员吠叫的机会。另一方面，通常有很多猫被放在推车里，你可以威胁它们而不用担心被划伤或被耻笑。

接待处

给你的印象是，你在一个自诩为其顾客提供出色的舒适感的豪华酒店般服务的地方。没有什么比这更不靠谱的了。

体重计

这些体重计的存在，只是为了兽医能把昂贵的规定饮食出售给你的主人。

体检台

不锈钢表面，它提供两件东西：贴在你的身体下面的一个冰冷的表面，以及你可能会掉落到一块硬地板上的痛苦。

拍片室

如果你吞下了某种你不应该吃的东西，这里就是找出它们的地方。袜子、钥匙、螺丝钉、石头、小玩具、骨头、餐具、手机、鼠标、小书籍、珠宝、蜡笔、电池、U 盘、内衣、金属丝和橡皮圈等等——

在这个房间里，一切都会真相大白。

手术室

明亮的灯光，带着管子的怪异机器和很多尖锐的东西，戴着面具的人——小狗的噩梦。

犬舍

兽医称它们是狗舍。你会叫它们牢笼。它们有两个用处：其一，它们是你术后康复过程中要去的地方；其二，它们提供了一个机会，去体验机械化养殖母鸡的生活。

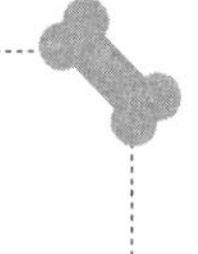

狗狗语录

贝琳达：温度计哪儿去了？！

散步

对于散步应该像什么样，人类怀有一种田园式梦想。这基于看了太多的迪士尼电影以及对乐观与快乐的错位意识。

在你主人的心里，散步是穿过林地平静地漫步，有鸟儿在歌唱，有松鼠和小兔子四处跳跃，而男人们忠诚而顺从的四条腿朋友则乖乖地在他们身旁踱步。现实的情况却有所不同：当他们在当地街道上奔跑，试图阻止你对其他狗狂吠、追逐猫咪，以及去你不该去的地方时，散步往往倾向于走得不多，更多的是一种激烈战斗。

关于散步的真相是，它们往往涉及一种不可阻挡的力量（你）与一个固定不动的物体（你的主人）相遇。在这种情况下，永远只有一个赢家并且要确保那就是你，这取决于你如何定位你自己。走在你主人的身边甚至在他身后是不恰当的，应该不惜一切代价避免。把自己放在前面意味着你可以掌控你的皮带——一种简单的方法来显示谁是主人，同时控制速度和方向。

总之，对于散步，有一个重要的忠告，你永远，永远，永远不要忘记：

总是带领你的主人走。永远不要让你的主人带着你走。

如何识别散步时间到了

意识到“那个时间”的最明显的方式就是，当你的主人高喊，“散步”，同时在你面前晃悠你的皮带。然而，也有一些非口头的线索，每一只狗都应该注意到。这些线索包括，你的主人从椅子上站起来，走得离你的皮带相当近或走向一般是通往前门或后门的方向。

任何这些行动都可以并应该作为散步的迹象。大声地吠叫，以表明你了解你的主人的意图。

杰克：只要记得这个就可以了——谁在前面，谁说了算。

温暖之地

据我所知，人类的圣杯是一个很好的停靠点。你可能会听到你的主人抱怨说一个都找不到。然而我们关心的地点是，相对来说很容易找到温暖的地方。

无论是一张床、一张沙发或一把椅子，温暖的地方就是你的主人刚刚坐过的地方。作为一个人，创造它是他们的工作，作为一只狗，占有它是你的责任。

从本质上说，你占领温暖的地方的使命依赖于三样东西：

1. 耐心。

2. 狡猾。

3. 速度。

耐心

你可能会为了温暖的地方而等待半个多小时。如果你的主人有良好的膀胱控制力或真的沉醉于他所观看的电视节目，你会等得更久。你需要集中精力，不打瞌睡：占领温暖的地方的机会之窗可能只会开启几秒钟。如果你在梦想着追兔子，你就会错过它。如果你打盹，你就失去了机会。

狡猾

当谈到一个成功的任务时，狡猾就是一切。你需要决定把自己摆在什么位置最合适，并且如果你的意图被发现，你该怎么做。你需要把整个过程考虑清楚，从开始到结束，并且应对种种意外情况（比如你的主人在电视广告期间决定不喝一杯茶）。

速度

你所在的位置将是一个经过仔细衡量的对你有利的地点，而且它必须是在时机成熟时让你很容易跳到温暖的地方。一旦你的主人离开房间，就立刻展开行动。犹豫的你不仅会丢失目标，而且注定要在冰冷的地板上度过余下的夜晚。

当你最终占领了温暖的地方

伸展身体，闭上你的眼睛，假装睡着。如果有人捅你或者试图移动你，大声咆哮。

洗衣机

你第一次看到它运转的时候，它似乎是有趣的，甚至是迷人的，但不要浪费太多的时间盯着洗衣机看。你会看到的就是这个：

· 人的衣服绕着一个方向转。

· 人的衣服绕着另一个方向转。

这还真不错。

狗狗语录

路易：别在家里尝试这个。

垃圾箱

忘记橡胶骨头，吱吱作响的拖鞋或里面有铃铛的球——垃圾箱是最好的狗玩具，没有之一。这些垃圾箱都堆满了废弃的垃圾邮件、信封、食品包装、面巾纸、报纸和苹果核，在你的主人回家之前将这些东西均匀地撒满所有房间，这是件很好玩的事。

工作

虽然我们大多数狗作为养尊处优的宠物而享受悠闲的生活，但你也可能发现自己不是那么幸运，在为生活而工作。并且，如果这还不够糟糕，你会发现一些工作是强加在你身上的。

有一些工作偏向于特定的品种，所以如果你是一只脾气温和的拉布拉多犬，你很可能会发现自己在帮助盲人；如果你是只阿尔萨斯犬，那么你更适合在警察局工作；而如果你脏兮兮的，喜欢吠叫，被一根旧绳子绑在柱子上，那么看守某个废料场的工作可能就是你的天职。

这里就是一些可供狗狗选择的工作机会：

缉毒

优点：破获哥伦比亚贩毒集团所赢得的魅力与声望。

缺点：为了发现每一克可卡因，你必须闻遍几百公斤的脏内衣。

炸弹嗅探

优点：军事生涯的兴奋与刺激。

缺点：军事葬礼的壮观与盛况。

导盲犬

优点：不仅可以帮助人们，还可以进入一些其他狗不能入内的凉快的地方，比如商店、酒吧和餐馆。

缺点：霓虹色外套一直是一种时尚禁忌。

治疗犬

优点：很容易的工作。你所做的一切就是去护理院、医院和收容所，得到宠爱和抚摸。

缺点：虽然这是一个非常有价值和令人称赞的职业，但它可能会令你非常压抑。

演艺圈

优点：你可以成为一个大明星，像蕾西、林丁丁、托托、贝多芬、班吉、迪格比或马利。

缺点：你最终有可能更像一只做秀的猴子而不是成为狗演员。

寻尸狗

优点：这个职位听起来真的很酷，就像某部提姆·伯顿电影的名字。

缺点：在林地或空旷的荒野里游荡，也许有种充满活力的乐趣，但偶然发现半分解的人体会减少这种乐趣。

牧羊犬

优点：很多新鲜的空气。

缺点：很多羊群。

雪橇狗

优点：当你在一个空旷的冰雪覆盖的荒野上疾驰的时候，有一种开拓精神的感觉。

缺点：太冷了，如果你舔你的生殖器，你的舌头会粘在上面。太尴尬了。

猎犬

优点：大量的时间待在户外。

缺点：不像这个工作职位听上去那样迷人。你不可以拿枪，你可以用你的嘴捡起死鸟——但你不能保留它们。

格斗犬

优点：又一个很酷的工作。

缺点：你会挨饿，有极高的致残或死亡的可能性。

警犬

优点：你可以跳起来攻击罪犯并咬他们。

缺点：跑坡道，钻铁圈和上墙。太像辛苦的工作了。

赛犬

优点：围绕一个椭圆形的轨道快速追逐一只兔子（或假装的），同时有热情的人群在向你欢呼……有什么不喜欢的？

缺点：只向灰犬开放。最糟糕的种族歧视。

守卫一个废弃的院子

优点：你可以尽情地吠叫与咆哮，没有人会叱喝你。

缺点：废弃的洗衣机，被压扁的汽车，破烂的电视。工作环境有点缺乏氛围。

狗狗语录

迈克：我的工作中最好的事情？有很多机会可以将白雪变黄。